多弧离子镀 Ti-Al-Zr-Cr-N 系复合硬质膜

赵时璐 著

北京

冶金工业出版社

2014

内 容 简 介

本书介绍了利用多弧离子镀技术，使用 Ti-Al-Zr 合金靶和纯 Cr 靶的组合方式，在 W18Cr4V 高速钢和 WC-80％ Co 硬质合金两种基体上制备的 Ti-Al-Zr-Cr-N 系四元复合硬质膜，即（Ti，Al，Zr，Cr）N 多元膜、（Ti，Al，Zr）N/（Ti，Al，Zr，Cr）N 和 CrN/（Ti，Al，Zr，Cr）N 多元双层膜及 TiAlZrCr/（Ti，Al，Zr，Cr）N 多元梯度膜。同时还分析了薄膜的成分、组织和结构，研究了薄膜的显微硬度、膜/基结合力、耐磨性能和抗高温氧化性能。

Ti-Al-Zr-Cr-N 系薄膜刀具可以增大机械加工的切削用量，提高刀具的表面质量，改善切削环境，延长刀具的使用寿命，使其适用于高速切削、干切削及难加工材料的加工。

本书可供从事材料表面改性，特别是从事真空镀膜技术研究开发及实际生产应用的科技工作者阅读，也可供材料表面工程专业的本科生和研究生参考。

图书在版编目(CIP)数据

多弧离子镀 Ti-Al-Zr-Cr-N 系复合硬质膜/赵时璐著.
—北京:冶金工业出版社，2013.2(2014.1 重印)
ISBN 978-7-5024-6210-9

Ⅰ.①多… Ⅱ.①赵… Ⅲ.①金属覆层—离子镀—硬质膜 Ⅳ.①TG174.444

中国版本图书馆 CIP 数据核字(2013)第 037840 号

出版人 谭学余
地　　址　北京北河沿大街嵩祝院北巷 39 号，邮编 100009
电　　话　(010)64027926　电子信箱　yjcbs@ cnmip. com. cn
责任编辑　杨盈园　美术编辑　彭子赫　版式设计　孙跃红
责任校对　李　娜　责任印制　张祺鑫
ISBN 978-7-5024-6210-9
冶金工业出版社出版发行；各地新华书店经销；三河市双峰印刷装订有限公司印刷
2013 年 2 月第 1 版，2014 年 1 月第 2 次印刷
850mm×1168mm　1/32；7.5 印张；201 千字；228 页
28.00 元

冶金工业出版社投稿电话：(010)64027932　投稿信箱：tougao@ cnmip. com. cn
冶金工业出版社发行部　电话：(010)64044283　传真：(010)64027893
冶金书店　地址:北京东四西大街 46 号(100010)　电话:(010)65289081(兼传真)
(本书如有印装质量问题，本社发行部负责退换)

前　言

在高速钢和硬质合金刀具表面镀 TiN 和 TiC 等硬质膜，可大大提高刀具的硬度和耐磨性，在刀具材料中已得到了大量的应用。但在工况恶劣的条件下，常规 TiN 和 TiC 薄膜刀具仍然不能满足需要，尤其在连续高速切削下，TiN 和 TiC 薄膜刀具的表面薄膜往往发生早期破坏。硬质薄膜综合性能改善的基本途径在于薄膜成分的多元化和薄膜构成的多层和梯度化。

已经制备成功的(Ti,Al) N 二元氮化物膜具有较高的硬度、膜/基结合力、耐磨性和高温抗氧化性能，已实现了产业化并成为 TiN 的更新换代产品。继续向(Ti,Al) N 中添加 Zr 或 Cr 元素形成的(Ti,Al,Zr) N 或(Ti,Al,Cr) N 三元氮化物膜具有比(Ti,Al) N 更好的综合性能。但是同时添加 Zr 和 Cr 元素可形成新型的(Ti,Al,Zr,Cr) N 四元氮化物膜，目前对这方面研究的文章和专著尚不多见。同时，(Ti,Al,Zr,Cr) N 膜采用双层和梯度结构设计，可以提高(Ti,Al,Zr,Cr) N 膜与高速钢和硬质合金基体之间的匹配，增强膜/基结合性能。而且，多层界面可打断薄膜柱状晶的生长，阻碍裂纹的扩展和位错的运动，从而提高复合膜的硬度。

本书采用多弧离子镀技术，使用 Ti-Al-Zr 合金靶和 Cr 靶，在高速钢和硬质合金两种基体上制备 4 种 Ti-Al-

Zr-Cr-N 系复合硬质膜，即(Ti,Al,Zr,Cr)N 多元单层膜、(Ti,Al,Zr)N/(Ti,Al,Zr,Cr)N 和 CrN/(Ti,Al,Zr,Cr)N 多元双层膜及 TiAlZrCr/(Ti,Al,Zr,Cr)N 多元梯度膜。对这 4 种复合膜的成分、形貌、粗糙度和微观结构进行了表征，并对这 4 种复合膜的硬度、膜/基结合力、摩擦磨损特性和抗高温氧化性能进行了研究，获得了综合性能更为优良的复合硬质膜，以满足刀具日益增加的使用性能的要求。

本书的出版得到了东北大学博士生导师刘常升教授、沈阳大学硕士生导师张钧教授的支持和鼓励，他们在百忙之中审阅了书稿，提出了宝贵的意见，在此表示最衷心的感谢。

本书的完成得益于东北大学材料各向异性与织构工程教育部重点实验室，沈阳大学先进材料制备技术辽宁省重点实验室，沈阳大学表面改性技术与材料研究所的老师和研究生的有益讨论和大力支持；参考了国内外相关的文献，在此向以上老师、同学和文献的作者致以深切的谢意。

由于作者水平有限，本书难免存在不妥之处，敬请读者批评指正。

作　者
2012 年 11 月

目　录

1 硬质膜的研究进展

随着现代科学技术的不断进步和金属切削工艺的快速发展，特别是高速切削、硬切削和干切削工艺的出现，对金属切削刀具提出了越来越高的要求。切削刀具表面薄膜技术是近几十年应市场需求发展起来的材料表面改性技术，它是利用硬质氮化物膜进行的刀具表面防护，既可有效地延长高速钢或硬质合金刀具的切削速度和使用寿命，又能发挥它的"硬质、强韧、耐磨和自润滑"的优势，从而大大提高了金属切削刀具在现代加工过程中的耐用度和适应性。近些年来，新型的薄膜材料和薄膜工艺方法不断地出现，使得薄膜刀具的应用也越来越广泛。目前，硬质反应膜技术在齿轮刀具和钻头等多数高速钢和硬质合金刀具中都有广泛的应用。

近年来，薄膜技术的进步使得制备硬质反应膜的方法不断进步，日趋复杂化和多样化；同时，硬质反应膜的种类也在不断更新，从单一的金属反应膜到二元合金反应膜，再朝着多元合金反应膜发展；而且从薄膜的层数来看，也从单层膜朝着多层膜和梯度膜的复合化方向发展。

1.1 硬质膜概述

目前，日益进步的工业技术对材料的综合性能提出了越来越高的要求，而硬质膜是提高材料性能的一种经济、实用的途径。硬质膜具有极好的硬度、优异的抗摩擦磨损性能、低的线膨胀系数、高的热导率以及与基体良好的相容性。此外，硬质膜往往还具有高的透光率，空穴的可移动性及优异的化学稳定性。硬质膜不但在常温下具有良好的综合性能，而且在高温环境下也具有较高的强度及优异的耐腐蚀、抗冲刷和抗磨损的能力。硬质膜作为耐磨及防护薄膜使用，可以有效地降低各零部件的机械磨损及高温氧化倾向，从而延长零件的使用寿命，这些良好的综合性能使得硬质膜在工业材料尤其是刀具材料中有着重要的应用前景。

硬质膜根据主要用途，可分为耐磨薄膜、耐热薄膜和防腐薄膜。显然，上述三种薄膜的功能并不能截然分开。在使用中，同一薄膜往往要发挥多方面的防护作用：（1）耐磨薄膜的使用目的是减少零件的机械磨损，因而薄膜一般是由硬度极高的材料制成的，其典型的例子是各种切削刀具、模具、工具和摩擦零部件。（2）耐热薄膜被广泛应用于燃气涡轮发动机等需要在较高温度使用的机械零部件的耐热保护方面，其作用一是降低零部件的表面热腐蚀倾向；二是降低或部分隔绝零部件所承受的热负荷，从而延长零部件的高温使用寿命。（3）防腐薄膜被应用于保护零部件不受化学腐蚀性气氛或液体的侵蚀，其应用的领域包括石油化工、煤炭气化以及核反应堆的机械零部件等方面。

硬质膜根据构成的物质，可分为高硬（金属）合金、高硬化合物（离子化合物和共价化合物）和高硬聚合物（硬质合金）等，其中发展最快、种类最多的是高硬化合物类。它是由钛（Ti）、锆（Zr）、铪（Hf）、钒（V）、铌（Nb）、铬（Cr）、钼（Mo）、钨（W）等第 IV~VI 过渡族元素，与硼（B）、碳（C）、氮（N）、氧（O）等第 III~VI 族元素化合，或与第 III~VI 族元素化合形成的高硬化合物。例如，单一的金属氮化物（TiN、CrN、AlN、ZrN、VN、TaN、NbN、HfN、BN、Si_3N_4），单一的金属碳化物（WC、TaC、CrC、ZrC、HfC、TiC、VC、BC、SiC），单一的金属硼化物（TiB_2、ZrB_2、TaB_2），单一的金属氧化物（TiO_2、ZrO_2、Cr_2O_3、Al_2O_3），单一的金属碳氮化物（TiCN），类金刚石薄膜，多元合金反应膜及多层、梯度复合膜（TiAlN、C-BN）等。

硬质膜根据化学键合的特性，可分成离子键、共价键和金属键：（1）离子键硬质膜材料具有良好的化学稳定性，如 Al、Zr、Ti、Be 的氧化物属于这类薄膜，其中 Al_2O_3 膜是最为常见的。

（2）共价键硬质膜材料具有最高的硬度，如 Al、Si 的氮化物、碳化物、硼化物及金刚石、类金刚石等薄膜都属于此类。（3）金属键硬质膜材料具有较好的综合性能，属于这类材料的大多是过渡族金属的碳化物、氮化物和硼化物。其中，对 TiN 和 TiC 及其复合薄膜的研究最多，它们的应用也最为广泛，其性能见表 1-1。多元硬质膜的组元选择一般要考虑其单一反应膜的性能，它们将直接影响到多元薄膜的性能。按其键合方式对这些硬质材料进行定性比较，结果见表 1-2。其中对于金属键类的硬质材料来说，又可分为氮化物、碳化物和硼化物，其性能比较见表 1-3。由上述结果可知，每一类薄膜都具有各自的优缺点，所以硬质膜的优化可以通过多元及多层、梯度的复合方式来实现。

表 1-1　各种硬质膜的性能

硬质膜		密度 /g·cm^{-3}	熔点 /℃	显微硬度 HV	弹性模量 /MPa	电阻率 /μΩ·cm	线膨胀系数 /K^{-1}	键合方式[①]
氮化物膜	TiN	5.4	2950	2000	590×10^3	25	9.4×10^{-6}	M
	ZrN	7.32	2982	2000	510×10^3	21	7.2×10^{-6}	M
	VN	6.11	2177	1560	460×10^3	5	9.2×10^{-6}	M
	NbN	8.43	2204	1400	480×10^3	58	10.1×10^{-6}	M
	CrN	6.12	1050	1800	400×10^3	640	23×10^{-6}	M
	C-BN	3.48	2730	5000	660×10^3	1018	—	C
	Si$_3$N$_4$	3.19	1900	1720	210×10^3	1018	2.5×10^{-6}	C
	AlN	3.26	2250	1230	350×10^3	11015	5.7×10^{-6}	C
碳化物膜	TiC	4.93	3067	2800	470×10^3	52	$(8.0 \sim 8.6) \times 10^{-6}$	M
	ZrC	6.63	3445	2560	400×10^3	42	$(7.0 \sim 7.4) \times 10^{-6}$	M
	VC	5.41	2648	2900	430×10^3	59	7.3×10^{-6}	M
	NbC	7.78	3613	1800	580×10^3	19	7.2×10^{-6}	M
	TaC	14.48	3985	1550	560×10^3	15	7.1×10^{-6}	M
	Cr$_3$C$_2$	6.68	1810	2150	400×10^3	75	11.7×10^{-6}	M
	Mo$_2$C	9.18	2517	1660	540×10^3	57	$(7.8 \sim 9.3) \times 10^{-6}$	M

硬质膜		密度 /g·cm⁻³	熔点 /℃	显微硬度 HV	弹性模量 /MPa	电阻率 /μΩ·cm	线膨胀系数 /K⁻¹	键合方式[①]
碳化物膜	WC	15.72	2776	2350	720×10^3	17	$(3.8 \sim 3.9) \times 10^{-6}$	M
	B_4C	2.52	2450	4000	441×10^3	5×10^5	$(4.5 \sim 5.6) \times 10^{-6}$	C
	SiC	3.22	2760	2600	480×10^3	105	5.3×10^{-6}	C
硼化物膜	TiB	4.5	3225	3000	560×10^3	7	7.8×10^{-6}	M
	ZrB_2	6.11	3245	2300	540×10^3	6	5.9×10^{-6}	M
	VB_2	5.05	2747	2150	510×10^3	13	7.6×10^{-6}	M
	NbB_2	6.98	3036	2600	630×10^3	12	8×10^{-6}	M
	TaB_2	12.58	3037	2100	680×10^3	14	8.2×10^{-6}	M
	CrB_2	5.58	2188	2250	540×10^3	18	10.5×10^{-6}	M
	Mo_2B_3	7.45	2140	2350	670×10^3	18	8.6×10^{-6}	M
	W_2B_5	13.03	2365	2700	770×10^3	19	7.8×10^{-6}	M
	LaB_6	4.73	2770	2530	400×10^3	15	6.4×10^{-6}	M
	B	2.34	2100	2700	490×10^3	1012	8.3×10^{-6}	C
	AlB_{12}	2.58	2150	2600	430×10^3	2×10^{12}	—	C
	SiB_6	2.43	1900	2300	330×10^3	107	5.4×10^{-6}	C
氧化物膜	Al_2O_3	3.98	2047	2100	400×10^3	1020	8.4×10^{-6}	C
	TiO_2	4.25	1867	1100	205×10^3	—	9×10^{-6}	C
	ZrO_2	5.76	2677	1200	190×10^3	1016	$(7.6 \sim 11) \times 10^{-6}$	C
	HfO_2	10.2	2900	780	—		6.5×10^{-6}	C
	ThO_2	10	3300	950	240×10^3	1016	9.3×10^{-6}	C
	BeO_2	3.03	2550	1500	390×10^3	1023	9×10^{-6}	C
	MgO	3.77	2827	750	320×10^3	1012	13×10^{-6}	C

①M 为金属键，C 为共价键。

表 1-2　硬质材料的特性[①]

下降特性	显微硬度	脆性	熔点	稳定性	线膨胀系数	结合强度
	C	I	M	I	I	M
↓	M	C	C	M	M	I
	I	M	I	C	C	C

①M 为金属键，C 为共价键，I 为离子键。

表 1-3　金属键类硬质材料的特性[①]

下降特性	显微硬度	脆性	熔点	稳定性	线膨胀系数	结合强度
	B	N	C	N	N	B
↓	C	C	B	C	C	C
	N	B	N	B	B	N

①N 为氮化物膜，C 为碳化物膜，B 为硼化物膜。

1.2　氮化物硬质膜的研究进展

　　过渡族金属的氮化物由于具有熔点高、硬度高、热稳定性好、抗腐蚀性和抗氧化性好等特点，被广泛用作刀具表面的强化材料，以提高其基体的表面性能。根据氮化物膜的发展历程可将其分为三代：第一代为单一的金属氮化物膜，如人们熟知的 TiN 膜、CrN 膜和 ZrN 膜。由于过渡族金属的氮化物可在同类之间相互固溶，利用这种特性可以制备复合型的氮化物膜，即以 TiN 为基体，加入其他元素进一步形成合金，即第二代多元氮化物膜，如（Ti，Al）N 膜、（Ti，Cr）N 膜、（Ti，Zr）N 膜、（Ti，Al，Zr）N 膜和（Ti，Al，Cr）N 膜。它们通过改善合金元素的构成，成功地提高了薄膜的热硬性和耐高温性能。而进一步的改进发展旨在提高结合力、线膨胀系数的匹配等方面，这些改善的结果取决于硬质膜构成的多层、梯度复合化，即第三代氮化物膜。它们将不同性能的材料组合到同一体系中，得到单一材料无法具备的新性能，因而成为目前薄膜研究领域中极具应用潜力的方向之一，以上这些形成了完整的高性能硬质反应薄膜体系。

1.2.1　单一金属氮化物膜

1.2.1.1　TiN 膜

　　20 世纪 80 年代，TiN 硬质膜获得了巨大的成功。TiN 是第一个产业化，并在刀具行业得到广泛应用的薄膜。TiN 膜的硬度为 2000HV 左右；薄膜韧性好，能承受一定程度的弹性变形；它的线膨胀系数与高速钢相近，与高速钢的结合强度高；薄膜开始氧化温度为 600℃，其抗腐蚀性和抗氧化性强、化学性能稳定性好；薄膜的摩擦因数小，具有抗磨损作用。

1.2.1.2　CrN 膜

CrN 硬质膜是最有希望替代 TiN 膜的材料之一。早期研究已证明，与 TiN 膜相比，CrN 膜可达到极高的沉积速率，且其工艺较易控制；CrN 膜硬度较低，为 1800HV 左右；薄膜具有优异的耐磨性，在抗微动磨损上表现尤佳；薄膜的抗氧化温度高达 700℃；但 CrN 膜脆性比较大，而且在镀膜过程中施加偏压可以得到接近于非晶体的光滑表面的薄膜。

1.2.1.3　ZrN 膜

ZrN 硬质膜的硬度为 2000 ~ 2200HV 左右；其耐磨性是 TiN 膜的 3 倍；薄膜与基体有很牢固的结合强度，因此有很高的耐冲击性；薄膜具有高熔点、低电阻率及较好的化学稳定性能；但 ZrN 的抗氧化性和抗损伤性较差，抗氧化温度为 550℃左右。

1.2.2　氮化物膜的多元化发展

在工况恶劣的条件下，常规 TiN 膜的应用受到了挑战。例如 TiN 薄膜刀具以 70 ~ 100m/min 的高速度切削时，刀尖及切削刃附近会产生很大的切削力和强烈的摩擦热而使基体发生塑性变形及软化，薄膜易于开裂；由于基体的强度和薄膜与基体间的结合力不够，不能给予 TiN 膜有力的支撑，薄膜往往发生早期破坏；TiN 膜在较高的温度下（大于 550℃），其化学稳定性变差，容易氧化成疏松结构的 TiO_2；此外，高温下依附在薄膜表面的其他元素也容易向薄膜内扩散，导致深层性能的下降。于是，各国纷纷着手开发新型的复合膜技术，新的多元薄膜体系可以使薄膜的成分离析效应降低，并明显地提高薄膜的综合性能，以满足切削技术的发展对薄膜刀具性能日益提高的要求。

新的多元薄膜体系的发展是从 TiN 膜开始，并沿着几个主要方向逐渐推进：（1）从提高薄膜的初始氧化温度方面的发展，主要代表为(Ti,Al)N 薄膜；（2）从薄膜的硬度，特别是红硬性方面的发展，主要代表为(Ti,Zr)N 薄膜；（3）从更宽泛的综合性能方面的发展，主要有(Ti,Al,Zr)N 薄膜、(Ti,Al,Cr)N 薄膜及在此基础上添加 Y、Si、Hf、Mo、W 等微量元素而形成的更多元的复合硬质薄膜。

1.2.2.1 (Ti,Al)N 膜

向 TiN 膜中添加 Al 元素形成的(Ti,Al)N 膜，以其优异的性能尤其是高温抗氧化性能，引起了世界各国的关注，并逐渐成为 TiN 膜的更新换代产品。薄膜的抗氧化温度高达 750 ~ 800℃，当温度超过约 750℃时，Al 元素使薄膜的外表面转化为 Al_2O_3，它可以阻止薄膜进一步的氧化，大大降低了 TiN 膜在高速切削时的氧化磨损，这起到了保护刀具的作用。

(Ti,Al)N 作为一种新型的薄膜材料，其硬度为 2800HV 左右。而且，薄膜的硬度与添加的 Al 含量有很大的关系。图 1-1 所示为(Ti_{1-x},Al_x)N 膜的显微硬度随 Al 含量的变化曲线，从

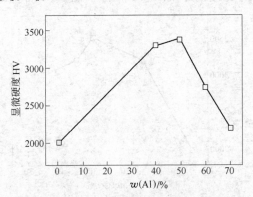

图 1-1　(Ti_{1-x},Al_x)N 膜的显微硬度随 Al 含量的变化曲线

图 1-1可以看出，随着 Al 含量的增加，薄膜的硬度呈上升趋势；当其含量为50%（原子分数）时，薄膜的硬度达到最大值；当其含量超过50%时，薄膜的硬度迅速下降。

（Ti, Al）N 膜主要由（Ti, Al）N（fcc）相组成，此外还有（Ti$_2$Al）N（hcp）、（Ti$_{15}$Al）N（hcp）和（Ti$_3$Al）N（CuTiO$_3$ 结构）。在（Ti, Al）N 晶体薄膜中，Al 原子置换 TiN 中的一部分 Ti 原子后，使晶格发生畸变。晶格畸变大的薄膜，由于晶界增多和位错较多不易滑移，从而导致薄膜硬度的提高。此外，薄膜还具有摩擦系数小、耐磨性强、膜/基结合力强、热导率低等优异的性能。

1.2.2.2 （Ti, Cr）N 膜

（Ti, Cr）N 膜是在 TiN 和 CrN 的基础上发展起来的多元薄膜，Cr 元素的加入使硬度提高到 3100HV 左右，而且它有利于提高基体与薄膜的结合强度，对刀具的抗氧化性也有好处，在700℃时具有良好的抗氧化性能。（Ti, Cr）N 复合薄膜的相结构仍保持了 TiN 类型的 fcc 结构，Cr 是以置换 Ti 的方式存在于 TiN 的点阵中。

与（Ti, Al）N 膜类似，（Ti, Cr）N 薄膜的硬度与薄膜中添加的 Cr 含量有很大的关系，如图 1-2 所示。随着 Cr 含量的增加，薄

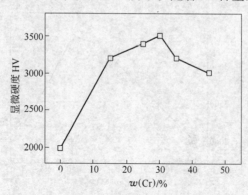

图 1-2   （Ti$_{1-x}$, Cr$_x$）N 膜的显微硬度随 Cr 含量的变化曲线

膜硬度呈上升趋势，当 Cr 含量达到 25% ~30%（原子分数）时硬度达到峰值，这与异类粒子添加造成的晶格畸变密切相关，而随后 Cr 含量再增加，薄膜的硬度有所下降。

1.2.2.3 （Ti,Zr）N 膜

（Ti,Zr）N 膜集中了 ZrN 较高的红硬性及 ZrN 和 TiN 结构相似性的优势。Zr 和 Ti 是同族元素，可以完全相互固溶，这会引起晶格畸变而形成能量势垒，出现残余应力，阻碍位错的运动，从而使得薄膜的硬度提高。一般说来，（Ti,Zr）N 膜的硬度明显高于（Ti,Al）N 膜，可达到 3000HV 左右，但是其使用寿命低于（Ti,Al）N 膜，高于 TiN 膜。（Ti,Zr）N 二元氮化物反应膜的结构类似于 TiN 和 ZrN，为 fcc-NaCl 型，晶体组织为柱状晶，优势生长面一般为（111）。

（Ti,Zr）N 薄膜的硬度受 Zr/Ti 原子比值的影响，具有很明显的规律，如图 1-3 所示。（Ti,Zr）N 膜的硬度随着 Zr 在薄膜中原子百分数的增大，先升高后下降，最大硬度值出现在 Zr 的原子分数 40% 左右。

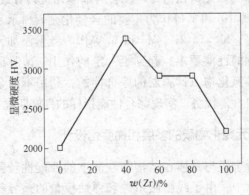

图 1-3 （Ti_{1-x},Zr_x）N 膜的显微硬度随 Zr 含量的变化曲线

1.2.2.4 （Ti,Al,Cr）N 膜

向（Ti,Al）N 中添加 Cr、Y 和 Si 等元素可以使薄膜保持高硬

度，而且有更好的抗高温氧化性能。例如，添加微量 Cr 和 Y 到 (Ti,Al)N 中形成的 (Ti,Al,Cr,Y)N 膜，可以使其氧化温度提高到 950℃；向 (Ti,Al)N 添加 Cr 形成的 (Ti,Al,Cr)N 膜，可以使其氧化温度提高到 900℃。当连续致密的保护性 Al_2O_3 膜形成以后，Cr 能够继续提高其抗氧化性能，使薄膜表面在高温下形成了 Cr_2O_3 等惰性金属氧化物和共价键 AlN，这有利于薄膜在高温下保持高的硬度、韧性和结合力。

1.2.2.5 (Ti,Al,Zr)N 膜

向 (Ti,Al)N 中添加 Zr 元素形成的 (Ti,Al,Zr)N 膜，硬度进一步提高到 3200HV 左右。然而，加入 Zr 会在高温下形成 ZrO，妨碍致密 Al_2O_3 防护层的生成，因而降低了其抗氧化性。研究表明，(Ti,Al,Zr)N 膜中形成了 (Ti,Zr)N、(Ti,Al)N、TiN、ZrN 等分离相，这些分离相形成的混晶与晶格畸变是导致薄膜具有较高硬度的主要原因。

综上所述，从沉积靶材、沉积工艺及薄膜性能等多方面的考虑，Ti 作为多元氮化物刀具膜层的基体元素具有最大的优势；Al、Cr、Zr、Nb 和 V 等作为主要的合金化元素显示了不同方面的性能优势；Si、Y、Hf、Mo 和 W 等作为微量添加元素可以满足某些特别的性能要求，起到了一定的作用。薄膜成分的多元化可以改善氮化物刀具膜层的综合性能，利用不同金属元素反应膜的各自性能优势，实现综合性能指标的良好匹配。

1.2.3 多元氮化物膜的多层和梯度化设计

多元合金膜与基体在结构和性能上的匹配性较差，在沉积或使用过程中，由于线膨胀系数和弹性模量的差异等原因，薄膜刀具会产生热应力和"不连续应力"，往往会出现过早失效，所以一般的沉积方法很难在基体上制备高硬度且结合牢固的薄膜。

多元薄膜采用多层和梯度的结构设计，可以集中不同单层

材料的优点，保证多元薄膜的优良特性；同时典型的多层和梯度结构还可以提高多元薄膜与基体及薄膜之间的匹配，能够极大地缓冲薄膜之间的内应力，增大薄膜与基体之间的结合力；多层界面还可打断柱状晶的生长，阻挡位错的运动，阻碍裂纹的扩展，从而提高表面的硬度；薄膜和过渡层组成了稳定的耐磨损耐冲击强化区，提高了韧性，从而使薄膜的使用性能增强。

目前，多元多层和多元梯度复合薄膜刀具能发挥几种材料各自的优点，大大提高了刀具的性能，成为刀具膜系中较完美的设计，并为硬质膜在刀具行业上的应用扩大提供了可行性。

2 氮化物膜的应用现状

自 20 世纪 80 年代以来，随着离子镀 TiN 工艺逐渐完善以及镀硬质耐磨薄膜质量的提高，氮化物膜在冶金、机械加工、高温防护和装饰材料等众多行业得到了广泛的实际应用。

薄膜刀具是多弧离子镀技术最成功的应用之一。它在切削加工中的应用效果十分显著，特别适用于高速切削、干切削及难加工材料的加工，尤其在数控机床及自动线加工中的经济效果更显著。薄膜刀具延长了刀具的使用寿命，增大了机械加工的切削用量，提高了工件的表面质量，改善了切削环境。

2.1 单一金属氮化物膜刀具

目前，国内外的刀具公司都有 TiN 膜牌号的产品。尽管经过 30 多年的发展，薄膜家族已经出现了许多新的成员，但是至今的主流薄膜仍是 TiN 膜，同时它也是制备其他高性能薄膜的基础。TiN 薄膜刀具与 TiC 薄膜刀具相比，具有更低的摩擦系数和切削变形系数，因而切削力也更小。而且，它的抗黏结温度高，切削温度为 500℃ 左右，抗月牙洼磨损性能好。TiN 薄膜刀具适用于硬质的难加工材料及精密、形状复杂的轴承等耐磨件，对易黏结在刀具前刃面上的工件，切削效果更明显。目前在发达国家中，TiN 薄膜刀具的使用率占刀具总数的 50% ~ 70%，有些不可重磨的复杂刀具的使用率已超过 90%。经 TiN 镀膜后的丝锥耐磨性可提高 5 ~ 10 倍；钻头耐磨性提高 3 ~ 10 倍；铣刀耐磨性提高 6 ~ 10 倍。TiN 薄膜刀具的使用寿命也得到了普遍的提高，镀膜后的高速钢钻头寿命提高 5 ~ 7 倍；硬质合金铣刀的寿命提高 3 ~ 11 倍；M3 滚刀的寿命提高 8 倍多。

CrN 膜因其具有良好的抗氧化、耐腐蚀及抗磨损性能而受到较多的关注。CrN 薄膜刀具主要用于塑胶模具、冲头等零部件的加工。由于它是无钛膜，可以有效地切削钛、钛合金及铝合金等软材料，而且它可达到极高的沉积速率且其工艺较易控制，有利于大批量的工业生产，所以更加具有实际的意义。

ZrN 薄膜刀具已经在高速钢、铝合金、铜合金及一些精密工件的切削加工上获得了广泛的应用。由于 ZrN 膜可以减少与 Ti 合金的黏着磨损，很适用于切削 Ti 及 Ti 合金，用于 Ti 合金钢板的 ZrN 薄膜钻头的寿命比 TiN 薄膜钻头高 1 倍多。ZrN 和 TiN 等薄膜与镍铬 718 合金配副时，在 500℃时 ZrN 膜高于 TiN 膜的耐高温磨损性能。将 ZrN 膜应用于高速切削刀具，能有效地降低刀具的磨损，提高工件的切削质量。

2.2 多元氮化物膜刀具

(Ti,Al)N 膜既具有接近 TiC 膜的高硬度和高耐磨性，又具有与 TiN 膜相当的结合强度，而且薄膜大大提高了其抗氧化性。所以，(Ti,Al)N 膜具有优于 TiC、TiN 和 Ti(C,N)等膜的性能，这些使得它适合于高速切削和干式切削。

(Ti,Al)N 薄膜刀具能有效地用于连续的高速切削，尤其适用于高合金钢、不锈钢、高硅铝合金、钛合金和镍合金等工件。在要求高耐磨性的条件下，TiN 薄膜刀具刚到磨损平缓区就会超出切削要求而失效，而(Ti,Al)N 薄膜刀具经过平缓区后才开始磨损加剧而失效。又鉴于 TiN 膜在高温性能方面所表现的不足，(Ti,Al)N 薄膜刀具有望部分或完全替代 TiN，其刀具寿命比 TiN 延长 3～4 倍。近些年来，德国 SGS、日本住友等国外著名刀具公司先后推出了(Ti,Al)N 薄膜铣刀，它们能直接高速切削淬硬钢，在淬硬钢的半精及精加工中发挥着巨大作用。实验证明，(Ti,Al)N 膜是目前高速铣削淬硬钢中最理想的刀具。

从环境保护的角度来看，迫切需要干加工技术的快速发展。

(Ti,Al)N 薄膜刀具由于具有良好的红硬性、抗氧化性及比刀具基体和被加工工件材料低得多的热传导系数，成为干切削加工中最好的薄膜刀具。在高温连续切削时，(Ti,Al)N 干式切削性能优于 TiN 四倍。(Ti,Al)N 薄膜铰刀在干式切削和两倍常规切削速度的条件下，其断面磨损量远远低于(Ti,Zr)N 薄膜铰刀和 ZrN 薄膜铰刀。

目前，在美、德、日等国家，(Ti,Al)N 薄膜刀具占所用薄膜刀具的 10% 左右，而且有上升趋势。例如，美国 Kennametal 公司的 H7 刀片和德国 Balzers 公司的 X. CEED 刀片都是(Ti,Al)N 膜。日本三菱公司的 MIRACLE 膜是含 Al 丰富的(Al,Ti)N 膜，实现了对淬火钢的直接加工。另外，德国 CemeCon 公司开发的 TiAlBN 膜，在加工过程中产生"实时"现象，即通过 B 扩散形成 BN 和 B_2N_3，从而得到有利于切削加工的润滑薄膜。日本日立公司还开发了在高温下具有高硬度、高韧性及低摩擦系数的 TiAlCN 膜，它们适用于车、铣、滚齿、攻牙及冲压等工艺。

(Ti,Cr)N 膜由于 Cr 元素的加入使其硬度、膜/基结合力和抗氧化性有所提高，所以，(Ti,Cr)N 薄膜刀具适合高速加工，切削速度可达 400m/min 以上，是一种很有发展前景的新型薄膜。(Ti,Si)N 薄膜刀具的抗高温氧化性能明显提高，日立公司开发的适于硬切削的(Ti,Si)N 薄膜刀具具有 3500HV 的硬度和 1100℃ 的开始氧化温度，使用寿命较 TiN 薄膜刀具延长 3～5 倍。(Ti,Zr)N 薄膜的使用寿命高于 TiN 薄膜，但远低于(Ti,Al)N 薄膜，所以在实际中应用较少。

(Ti,Al,Cr)N 膜在高温下具有高的硬度、韧性和膜/基结合力等优良性能，这使(Ti,Al,Cr)N 薄膜刀具具有更好的切削性能和更长的使用寿命，且端面磨损量远低于(Ti,Al)N。M2 高速钢麻花钻经(Cr,Ti,Al)N 镀膜后，在干式切削条件下钻削 45 钢、30CrMnSiA 和 D406A 高强度钢时，钻头的使用寿命比未镀膜前分别提高了约 19 倍、15.2 倍和 6 倍。(Ti,Al,Si)N 薄膜刀具的氧化温度为 1100℃，切削性能及耐磨性能明显高于(Ti, Al) N 膜。目前，英国 Teer 公司已经使用(Ti, Al, Cr) N 和(Ti, Al, Si) N 等薄膜刀具用于对耐磨性和耐腐蚀性有较高要求的工件上。

2.3 多元多层氮化物膜刀具

目前，应用较多的是层数在 2 ~ 7 之间的薄膜刀具。薄膜的厚度和层数主要取决于实际的工况条件，不一定层数越多性能就越好。最早的多层薄膜刀具是由 TiN、TiC 和 Ti(C, N) 组成的，每层薄膜厚度为数微米。TiC/TiN 双层薄膜刀具兼有 TiC 的高硬度和高耐磨性，并有 TiN 良好的耐冲击性和良好的韧性，该薄膜与钢之间的摩擦系数小，抗氧化温度达 700℃左右，它能满足高强度钢的高速精加工要求。TiN/Ti(C, N) 双层薄膜能提高刀具的使用寿命、耐蚀性及抗开裂性，它的丝锥攻削铸铁件螺孔，攻丝效率平均提高 5.59 倍；它的高速钢钻头钻削 40Cr 钢，切削寿命比镀 TiN 膜的钻头提高 3 倍。

Al_2O_3 薄膜有很多优良的性能，但 Al_2O_3 与基体的结合强度较差。由于 TiC 和 TiN 的线膨胀系数接近基体，所以常被用作多层薄膜的底层。美国 Carmet 公司生产的 TiN/Al_2O_3 薄膜刀片，其刀面磨损性能高于 TiN 和 Al_2O_3 膜，用于高速切削时具有良好的切削性能。

刘建华、张卧波等人采用多弧离子镀方法，在 YG6 和 YT14 硬质合金基体上沉积了 ZrN/TiN 复合膜，薄膜刀具的切削力降低了 20%，提高了其耐磨性能，有效地缓解了硬质合金刀具的后刀面磨损。

三层膜的组合方式也很多，例如 TiC/Ti(C, N)/TiN、TiC/TiN/Al_2O_3 和 TaC/TiC/TiN 等，它们都是利用各自薄膜的优点，根据不同的切削条件组合而成的。其中最常见的是 TiC/Ti(C, N)/TiN膜，它的切削性能及耐磨性能要好于 TiC/TiN 双层膜，大多数薄膜刀具厂家都有这种薄膜刀具。瑞典 Sandvik 公司的 GC415 刀片是 $TiC/TiN/Al_2O_3$ 膜，其抗磨损能力优于 Si_3N_4。

日本公司开发的 SG 新型膜，其结构为 TiN/Ti(C,N)/Ti,它的膜/基结合强度高，表层为 Ti 系特殊膜，具有极好的耐热性。

黄元林，李长青等人采用多弧离子镀技术，在 LF6 防锈铝的基体上沉积了 Ti(C,N)/TiN/Ti(C,N)/TiN/Ti(C,N)/TiN 六层膜,它的结合强度良好，耐磨性提高了 10 倍以上。

2.4 氮化物膜的其他应用

氮化物膜除了在薄膜刀具方面具有非常成功的应用之外，在其他领域也有十分广泛的使用实例，具体如下：

（1）氮化物膜在车辆零部件上的应用。

1）在轴类零件的表面镀制硬质耐磨膜，可以降低零件表面的磨损，延长零件的使用寿命，还可以降低零件运动时产生的噪声，减少环境污染。

2）在发动机零件上镀制耐腐蚀膜，在活塞顶部、活塞环和汽缸套等直接与燃气接触的发动机零部件上镀制耐腐蚀、耐气蚀和耐热的复合膜，可以使这些零件在高温下工作，降低其冷却要求，使大部分热量通过排出的气体带走，大大提高发动机的有效系数和经济性。

3）在发动机曲轴衬套等运动零件上镀制润滑薄膜。

（2）氮化物膜在航空业上的应用。

1）用于修复速率陀螺的马达轴承，进行轴承外圆表面的增厚处理。

2）提高航天用球轴承表面耐磨性。

3）用于压气机叶片镀 TiN 涂层等工艺。

（3）氮化物膜在冲孔冲模上的应用。

多弧离子镀技术入射粒子能量高，在高能量的离子轰击下，可使薄膜的致密度高，强度和耐久性好，特别是薄膜与基体界面原子的扩散作用，使得薄膜不仅结合强度好，而且形成了有一定厚度的高硬度过渡层，薄膜具有很高的硬度，可达 2000HV 左右，故薄膜和过渡层组成了稳定的耐磨耐冲击强化区，这显著提高了冲模的耐磨性能和抗冲击疲劳性能。冲孔冲头经过多弧离子镀 TiN 薄膜处理后，其使用寿命比原冲头可提高 5 倍，显著降低冲模的制造费用。

(4) 氮化物膜在钟表行业上的应用。采用多弧离子镀技术制备钟表表面 TiN 装饰膜，充分利用弧光放电中高密度和高能量的金属流，可成功地制出既具有"伪扩散"层又具有微细柱状晶组织的理想耐磨损和耐腐蚀的 TiN 仿金涂层。所以，氮化物膜在装饰领域也有很好的应用前景。

3 真空镀膜技术

3.1 真空镀膜技术概述

真空镀膜技术是真空应用领域的一个重要方面，它是以真空技术为基础，利用物理或化学方法，并吸收电子束、分子束、离子束、等离子束、射频和磁控等一系列新技术，为科学研究和实际生产提供薄膜制备的一种新工艺。简单地说，在真空中把金属、合金或化合物进行蒸发或溅射，使其在被涂覆的物体（称基板、基片或基体）上凝固并沉积的方法，称为真空镀膜。

众所周知，在某些材料的表面上，只要镀上一层薄膜，就能使材料具有许多新的、良好的物理和化学性能。20 世纪 70 年代，在物体表面上镀膜的方法主要有电镀法和化学镀法。前者是通过通电，使电解液电解，被电解的离子镀到作为另一个电极的基体表面上，因此这种镀膜的条件，基体必须是电的良导体，而且薄膜厚度也难以控制。后者是采用化学还原法，必须把膜材配制成溶液，并能迅速参加还原反应，这种镀膜方法不仅薄膜的结合强度差，而且镀膜既不均匀也不易控制，同时还会产生大量的废液，造成严重的污染。因此，这两种被人们称之为"湿式镀膜法"的镀膜工艺受到了很大的限制。

真空镀膜技术则是相对于上述的湿式镀膜方法而发展起来的一种新型镀膜技术，通常称为干式镀膜技术。真空镀膜技术与湿式镀膜技术相比较，具有下列优点：

（1）薄膜和基体选材广泛，薄膜厚度可进行控制，以制备具有各种不同功能的功能性薄膜。

（2）在真空条件下制备薄膜，环境清洁，薄膜不易受到污染，因此可获得致密性好、纯度高和膜层均匀的薄膜。

（3）薄膜与基体结合强度好，薄膜牢固。

（4）干式镀膜既不产生废液，也不污染环境。

真空镀膜技术主要有真空蒸发镀、真空溅射镀、真空离子镀、真空束流沉积、化学气相沉积等多种方法。除化学气相沉积法外，其他几种方法均具有以下共同特点：

（1）各种镀膜技术都需要一个特定的真空环境，以保证制膜材料在加热蒸发或溅射过程中所形成蒸气分子的运动，不致受到大气中大量气体分子的碰撞、阻挡和干扰，并消除大气中杂质的不良影响。

（2）各种镀膜技术都需要有一个蒸发源或靶子，以便把蒸发制膜的材料转化成气体。目前，由于源或靶的不断改进，大大扩大了制膜材料的选用范围，无论是金属、金属合金、金属间化合物、陶瓷或有机物质，都可以蒸镀各种金属膜和介质膜，而且还可以同时蒸镀不同材料而得到多层膜。

（3）蒸发或溅射出来的制膜材料，在与待镀的工件生成薄膜的过程中，对其膜厚可进行比较精确的测量和控制，从而保证膜厚的均匀性。

（4）每种薄膜都可以通过微调阀精确地控制镀膜室中残余气体的成分和含量，从而防止蒸镀材料的氧化，把氧的含量降低到最小的程度，还可以充入惰性气体等，这对于湿式镀膜而言是无法实现的。

（5）由于镀膜设备的不断改进，镀膜过程可以实现连续化，从而大大地提高产品的产量，而且在生产过程中对环境无污染。

（6）由于在真空条件下制膜，所以薄膜的纯度高、密实性好、表面光亮不需要再加工，这就使得薄膜的力学性能和化学性能比电镀膜和化学膜好。

早在20世纪初，美国大发明家爱迪生就提出了唱片蜡膜采用阴极溅射进行表面金属化的工艺方法，并于1930年申报了专利，这便是薄膜技术在工业应用的开始。但是，这一技术当时因受到真空技术和其他相关技术发展的限制，其发展速度较慢。

直到20世纪40年代，这一技术在光学工业中才得到了迅速地发展，并且逐渐形成了薄膜光学，成为光学领域的一个重要分支。

真空镀膜技术在电子学等方面开始主要用来制造电阻和电容元件。但是，随着半导体技术在电子学领域中的大量应用，真空镀膜技术就成了晶体管制造和集成电器生产的必要工艺手段。

尽管电子显微镜能揭开微观世界的奥秘，但其标本必须经过真空镀膜处理才能观察。激光技术的心脏——激光器，需要镀上精密控制的光学薄膜才能使用。所以，太阳能的利用也与真空镀膜技术息息相关。

用真空镀膜技术代替传统的电镀工艺，不但能节省大量的膜材并降低能耗，而且还会消除湿法镀膜产生的环境污染。因此，在国外已经大量使用真空镀膜来代替电镀，为钢铁零件涂覆防腐层和保护膜，冶金工业也用来为钢板加镀铝防护层。

塑料薄膜采用真空镀膜技术加镀铝等金属膜，再进行染色，可得到用于纺织工业中的金银丝等制品，或用于包装工业中的装饰品。

在建筑工业上，采用建筑玻璃镀膜已经十分盛行。这种薄膜不但可以美化和装饰建筑物，而且可以节约能源，这是因为在玻璃上镀反射膜，可以使低纬度地区的房屋避免炎热的阳光直射室内，从而节约了空调费用；玻璃上镀滤光膜和低辐射膜，可使阳光射入，而作为室内热源的红外辐射又不能通过玻璃辐射出去，这在高纬度地区也可达到保温节能的目的。

近些年来，随着真空镀膜技术由过去传统的蒸发镀和普通的二级溅射镀，发展为磁控溅射镀、离子镀、分子束外延和离子束溅射等一系列新的镀膜工艺，几乎任何材料都可以通过真空镀膜的方法，涂覆到其他材料的表面上，这就为真空镀膜技术在各种工业领域中的应用，开辟了更加广阔的道路。

3.2　真空镀膜技术分类

真空镀膜技术一般分为两大类，即物理气相沉积（PVD）技术和化学气相沉积（CVD）技术。

物理气相沉积技术是指在真空条件下，利用各种物理方法，将镀料气化成原子、分子或使其离化为离子，直接沉积到基体表面上的方法。制备硬质反应膜大多以物理气相沉积方法制得，它利用某种物理过程，如物质的热蒸发，或受到离子轰击时物质表面原子的溅射等现象，实现物质原子从源物质到薄膜的可控转移过程。物理气相沉积技术具有膜/基结合力好、薄膜均匀致密、薄膜厚度可控性好、应用的靶材广泛、溅射范围宽、可沉积厚膜、可制取成分稳定的合金膜和重复性好等优点。同时，物理气相沉积技术由于其工艺处理温度可控制在500℃以下，因此可作为最终的处理工艺用于高速钢和硬质合金类的薄膜刀具上。由于采用物理气相沉积工艺可大幅度提高刀具的切削性能，人们在竞相开发高性能、高可靠性设备的同时，也对其应用领域的扩展，尤其是在高速钢、硬质合金和陶瓷类刀具中的应用进行了更加深入的研究。

化学气相沉积技术是把含有构成薄膜元素的单质气体或化合物供给基体，借助气相作用或基体表面上的化学反应，在基体上制出金属或化合物薄膜的方法，主要包括常压化学气相沉积、低压化学气相沉积和兼有 CVD 和 PVD 两者特点的等离子化学气相沉积等。

3.2.1　真空蒸发镀技术

真空蒸发镀技术是利用物质在高温下的蒸发现象，以制备各种薄膜材料。其镀膜装置，主要包括真空室、真空系统、蒸发系统和真空测控设备，其核心部位是蒸发系统，尤其是加热源。

根据热源的不同，真空蒸发镀可简单分为以下几种方法：

（1）电阻加热法。让大电流通过蒸发源，加热待镀材料使其蒸发。对蒸发源材料的基本要求是：高熔点、低蒸气压、在蒸发温度下不与膜材发生化学反应或互溶、具有一定的机械强度、且高温冷却后脆性小等性质。常用的蒸发源材料是钨、钼和钽等高熔点金属材料。按照蒸发源材料的不同，可以制成丝状、带状和板状等。

（2）电子束加热法。用高能电子束直接轰击蒸发物质的表面使其蒸发。由于直接对蒸发物质中加热，避免了蒸发物质与容器的反应和蒸发源材料的蒸发，故可以制备高纯度的薄膜。这种加热方法一般用于电子元件和半导体用的铝和铝合金。另外，用电子束加热还可以使高熔点金属（如 W、Mo、Ta 等）熔化和蒸发。

（3）高频感应加热法。在高频感应线圈中放入氧化铝和石墨坩埚，将蒸镀的材料置于坩埚中，通过高频交流电使材料感应加热而蒸发。这种方法主要用于铝的大量蒸发，得到的薄膜纯净而且不受带电粒子的损害。

（4）激光蒸镀法。采用激光照射在膜材的表面，使其加热蒸发。由于不同材料吸收激光的波段范围不同，因而需要选用相应的激光器。例如，用 CO_2 连续激光加热 SiO、ZnS、MgF_2、TiO_2、Al_2O_3 和 Si_3N_4 等膜材；用红宝石脉冲激光加热 Ge、$GaAs$ 等膜材。由于激光功率很高，所以可蒸发任何能吸收激光光能的高熔点材料，蒸发速率极高，制得的薄膜成分几乎与膜材成分一样。

3.2.2 真空溅射镀技术

溅射镀技术是利用带电荷的离子在电场中加速后具有一定动能的特点，将离子引向将被溅射的物质做成的靶电极上，在离子能量合适的情况下，入射离子在靶表面原子的碰撞过程中，将靶材物质溅射出来。这些被溅射出来的原子带有一定的动能，并且会沿着一定方向射向基体，从而实现薄膜的沉积。具体原理是，以镀膜材料为阴极，以工件（基板）为阳极，在真空条件下，利用辉光放电，使通入的氩气电离。氩离子轰击靶材，产生阴极溅射效应，靶材原子脱离靶表面后飞溅到基板上形成薄膜。为了提高氩气碰撞和电离的几率，从而提高溅射的速率，多种强化放电过程的技术方法被开发和应用。根据其特征，溅射法可以分为直流溅射、磁控溅射、反应溅射和射频溅射4种。另外，利用各种离子束源也可以实现薄膜的溅射沉积。

利用溅射法不仅可以获得纯金属膜，也可以获得多组元膜。获得多组元膜的方法主要有以下3种：

（1）采用合金或化合物靶材。采用合金或复合氧化物制成的靶材，在稳定放电状态下，可使各种组分都发生溅射，得到与靶材的组成相差较小的薄膜。

（2）采用复合靶材。采用两个以上的单金属复合而成，可以有多种形状。

（3）采用多靶材。采用两个以上的靶材并使基板进行旋转，每一层约一个原子厚，经过交互沉积而得到的化合物膜。

真空溅射技术可以用来制备耐磨、减磨、耐热和抗蚀等表面强化薄膜、固体润滑薄膜以及电、磁、声和光等功能薄膜等。例如，采用 Cr 和 Cr-CrN 等合金靶材或镶嵌靶材，在 N_2 和 CH_4 等气氛中进行反应溅射镀膜；可以在各种工件上镀 Cr、CrC 和 CrN 等镀层；用 TiN 和 TiC 等超硬镀层涂覆刀具和模具等表面，摩擦系数小，化学稳定性好，具有优良的耐热、耐磨、抗氧化和耐冲击等性能，既可以提高刀具和模具的工作特性，又可以提高其使用寿命，一般可使刀具寿命提高 3 ~ 10 倍；另外，TiN、TiC 和 Al_2O_3 等薄膜化学性能稳定，在许多介质中具有良好的耐蚀性，可以作为保护膜。在高温、低温、超高真空和射线辐照等特殊条件下工作的机械部件，不能用润滑油，只有用软金属或层状物质等固体润滑剂，而采用溅射法制取 MoS_2 膜及聚四氟乙烯膜却十分有效。虽然 MoS_2 膜可用化学反应镀膜法制备，但是溅射镀膜法得到的 MoS_2 膜致密性更好，结合性能更优良。溅射法制备的聚四氟乙烯膜的润滑特性不受环境温度的影响，可长期在大气环境中使用，是一种很有发展前途的固体润滑剂，其使用温度上限为 50℃，低于 - 260℃ 时，才失去润滑性。

与真空蒸镀法相比，阴极溅射有如下特点：

(1) 结合力高。由于沉积到基体上的原子能量，比真空蒸发镀膜高 1 ~ 2 个数量级，而且在成膜过程中，基体暴露在等离子区中，基体经常被清洗和激活，因此薄膜与基体的结合力强。

(2) 膜厚可控性和重复性好。由于放电电流及弧电流可以分别控制，因此膜厚的可控性和重复性较好，并且可以在较大的表面上获得厚度均匀的薄膜。

(3) 可以制造特殊材料的薄膜。几乎所有的固体材料都能用溅射法制成薄膜，靶材可以是金属、半导体、电介质及多元素的化合物或混合物，而且不受熔点的限制，可以溅射高熔点金属成膜。另外，溅射制膜还可以用不同的材质同时溅射制造混合体膜。

(4) 易于制备反应膜。如果溅射时通入反应气体，使真空室内的气体与靶材发生化学反应，这样可以得到与靶材完全不同的物质膜。例如，利用硅作为阴极靶，氧气和氩气一起通入真空室内，通过溅射就可以得到 SiO_2 绝缘膜；利用钛作阴极靶，将氮气和氩气一起通入真空室，通过溅射就可以获得 TiN 硬质膜或仿金膜。

(5) 容易控制膜的组成。由于溅射时氧化物等绝缘材料与合金几乎不分解和不分馏，所以可以制造氧化物绝缘膜和组分均匀的合金膜。

3.2.3 真空离子镀技术

真空离子镀膜技术是近十几年来，结合了蒸发和溅射两种薄膜沉积技术而发展起来的一种物理气相沉积方法。最早由美国 SANDIN 公司的 MO-TTOX 创立，并于 1967 年在美国获得了专利权。该技术是在真空条件下，利用气体放电使气体或被蒸发物质部分离化，在气体离子或被蒸发物质离子轰击作用的同时，把蒸发物质或其反应物沉积在基体上。离子镀技术把气体的辉光放电技术、等离子体技术和真空蒸发镀膜技术结合在了一起，这不仅明显提高了薄膜的各种性能，而且大大扩充了镀膜技术的应用范围。这种镀膜技术由于在薄膜的沉积过程中，基体始终受到高能离子的轰击而十分清洁，因此它与蒸发镀膜和溅射镀膜相比较，具有一系列的优点，所以这一技术出现后，立刻受到了人们极大的重视。

虽然，这一技术在我国是于 20 世纪 70 年代后期才开始起步，但是其发展速度很快，目前已进入了实用化阶段。随着科学技术的进一步发展，离子镀膜技术将在我国许多工业部门中得到更加广泛的应用，其前景十分可观。

离子镀膜技术的沉积原理可以简单描述为：当真空室的真空度为 10^{-4} Pa（10^{-6} Torr）左右以后，通过充气系统向室内通入氩气，使其室内的压强达到 $1 \sim 10^{-1}$ Pa。这时，当基体相对蒸发源加上负高压之后，基体与蒸发源之间形成一个等离子区。由于处于负高压的基体被等离子所包围，不断地受到等离子体中的离子冲击，因此它可以有效地消除基体表面吸收的气体和污物，使成膜过程中的薄膜表面始终保持着清洁状态。与此同时，膜材蒸气粒子由于受到等离子体中正离子和电子的碰撞，其中一部分被电离成正离子，正离子在负高压电场的作用下，被吸引到基体上成膜。

同真空蒸镀技术一样，膜材的气化有电阻加热、电子束加热和高频感应加热等多种方式。以气化后的粒子被离化的方式而言，既有施加电场产生辉光放电的气体电离型，也有射频激励的离化型；以等离子体是否能直接利用而言，又有等离子体法和离子束法等；如果将这些方式组合起来，就有电阻源离子镀膜、电子束离子镀膜和射频激励离子镀膜等诸多方法。

真空离子镀技术除了兼有真空蒸镀和真空溅射的优点外，

还具有如下几个突出的优点：

（1）附着力好。薄膜不易脱落，这是因为离子轰击会对基体产生溅射作用，使基体不断地受到清洗，从而提高了基体的附着力。同时，由于溅射作用使基体表面被刻蚀，从而使表面的粗糙度有所增加。离子镀层附着力好的另一个原因是轰击的离子携带的动能变为热能，从而对基体表面产生了一个自加热效应，这就提高了基体表面层组织的结晶性能，进而促进了化学反应和扩散作用。

（2）绕射性能良好。由于蒸镀材料在等离子区内被离化成正离子，这些正离子随着电力线的方向而终止在具有负偏压基体的所有部位上。此外，由于蒸镀材料在压强较高的情况下（不低于 1.33322Pa（10^{-2}Torr）），其蒸气的离子或分子在到达基体以前的路径上，将受到本底气体分子的多次碰撞，因此可以使蒸镀材料散射在基体的周围。基于上述两点，离子镀膜可以把基体的所有表面，即正面、反面、侧面甚至基体的内部，均可镀上一层薄膜，这一点是蒸发镀膜无法做到的。

（3）镀层质量高。由于所沉积的薄膜不断地受到阳离子的轰击，从而引起了冷凝物发生溅射，致使薄膜组织致密。

（4）工艺操作简单，成膜速度快，可镀制原膜。

（5）可镀材质广泛。可以在金属或非金属表面上镀制金属或非金属材料，如塑料、石英、陶瓷和橡胶等材料，以及各种金属合金和某些合成材料、热敏材料和高熔点材料等都能镀覆。

（6）沉积效率高，一般来说，离子镀沉积几十纳米至微米量级厚度的薄膜，其速度较其他方法要快。

离子镀是具有很大发展潜力的沉积技术，是真空镀膜技术的重要分支。而且，这一技术出现后，立即受到了人们极大的重视，并在国内外得到了迅速的发展。但是，它仍有不足之处。例如，目前用离子镀对工件进行局部镀覆还有一定难度；对膜厚还不能直接控制；设备费用也较高，操作也较复杂等。

3.2.4 束流沉积技术

束流沉积技术主要包括离子束沉积技术和分子束外延技术，现分述如下：

3.2.4.1 离子束沉积技术

离子束沉积技术可分为两种：一种是从等离子体中引出离子束轰击沉积靶面材料，然后将溅射出来的粒子沉积在基体上，称之为离子束溅射沉积；另一种是直接把沉积原子电离，然后把离子直接引向基体上沉积成膜，离子能量通常只有 10 ~ 100eV，其溅射和辐射损伤效应均可忽略不计，这种称为原离子束沉积。

虽然第一种方法可以归入溅射沉积的类型，但这两种方法的特点是沉积过程可以在高真空和超高真空中实现，因此基体和薄膜的杂质和污点明显降低；同时由于没有高能电子的轰击，在不附加冷却系统的情况下，基体就可以保持低温，这正是 LST 和 VLSI 所需要的低温工艺，通过控制得到高质量的薄膜，是原离子束无掩膜的直接沉积，并可以实现多元素的同时沉积，且重复性颇佳。所以，在大规模集成电路中，离子束沉积技术是重点开发技术之一。它的主要特点是沉积速率和自溅射效应低，特别在大面积和均匀性两者之间难以兼得，其关键就在于研制大面积、分布均匀和高密度的离子来源。离子束沉积物理学即离子束沉积本质包括：沉积材料在沉积室（镀膜室）不是在高真空下被蒸发，但压强是在 266.644kPa（2×10^3Torr）范围之内；在蒸发的同时，加于基体上的负电压能够提供结合力极好且不疏松的沉积膜。

离子束沉积的一个突出优点是在基体所有面上都能得到结合力好的沉积膜，而通常的蒸发镀要在很高的真空环境下才可制取到满足要求的沉积薄膜。其涉及的因素是一些蒸发材料在等离子区被离化，这些正离子在电场作用下而终止在偏压基体所有的面上，即沉积在基体的正面、反面，甚至基体的内部。然而，理论和实践都表明，在等离子区中离化率的程度很低。如果在离子沉积中也用等离子体，则沉积材料的主要部分与其说是离子，不如说是中性的粒子。

在离子束沉积过程中，对沉积速率影响最大的是气体散射。这就必须讨论在沉积过程中，周围气体压强对离子束沉积膜的影响因素。通常至少有三点：（1）高能蒸气原子对周围气体分子的碰撞，减少了沉积原子的平均能量，这将降低膜的质量；（2）在基体上存在的污染气体将限制膜的结合力及沉积原子移向基体周围的能力；（3）沉积气体原子的碰撞影响了沉积材料的凝聚，这些到达基体的沉积原子当凝聚时便引起非黏附的颗粒膜，它们的形成多数是无用的。

3.2.4.2 分子束外延技术

分子束外延技术是 20 世纪 70 年代国际上迅速发展的一项新技术，它是在真空蒸发工艺基础上发展起来的一种外延生长单晶薄膜的新方法。1969 年，美国的贝尔实验室和 IBM 对分子束外延技术进行了研究。此外，英国和日本也随后对其进行了研究，我国则始于 1975 年。目前，分子束外延设备及工艺已日趋完善，已由初期较简单的实验设备发展到今天具有多种功能的系列商品。而我国自从第一台分子束外延设备研制成功后，随后又研制成功了具有独立束源快速换片型分子束外延设备，它是研究固体表面的重要手段，也是发展新材料和新器件的有力工具。与真空蒸发镀膜技术类似，分子束外延技术是在超高真空条件下，构成晶体的各个组分和掺杂原子以一定速度的热运动，按照一定比例喷射到热衬底上进行晶体外延生长单晶膜的方法。

该方法与其他液相和气相外延生长方法相比较，具有如下特点：

（1）生长温度低，可以做成突变结，也可以做成缓变结；

（2）生长速度慢，可以任意选择，可以生长超薄且平整的膜层；

（3）在生长过程中，可以同时精确地控制生长层的厚度、组分和杂质的分布，结合适当的技术，可以生长二维和三维图形结构。

（4）在同一系统中，可以原位观察单晶薄膜的生长过程，进行结晶和生长的机制的分析研究，也避免了大气污染的影响。

综上所述，由于这些特点，使得这一新技术得到迅速发展。它的研究领域广泛，涉及半导体材料、器件、表面和界面等方面，并取得显著的进展。而分子束外延设备综合性强、难度大，涉及超高真空、电子光学、能谱、微弱信号检测及精密机械加工等现代技术。分子束外延技术实质上是超高真空技术、精密机械以及材料分析和检测技术的有机结合体，其中的超高真空技术是它的核心部分。因此，无论是国产或是进口设备，在这方面都十分考究。

3.2.5 化学气相沉积技术

前面叙述的镀膜技术属于物理气相沉积，即 PVD 技术。以下讨论使用加热等离子体和紫外线等各种能源，使气态物质经过化学反应生成固态物质，并沉积在基体上的方法，这种方法称为化学气相沉积技术，简称 CVD 技术。

3.2.5.1 化学气相沉积技术原理

CVD 技术原理是建立在化学反应基础上，利用气态物质在固体表面上进行化学反应，生成固态沉积物的过程。从广义上分类，有五种不同类型的 CVD 反应，即固相扩散型、热分解型、氢还原型、反应沉积型和置换反应型。其中，固相扩散型是使含有碳、氮、硼和氧等元素的气体和炽热的基体表面相接，使表面直接碳化、氮化、硼化和氧化，从而达到对金属表面保护和强化的目的。这种方法利用了高温下固相—气相的反应，由于非金属原子在固相中的扩散困难，薄膜的生长速度较慢，所以要求较高的反应温度，其适用于制造半导体膜和超硬膜。其反应法有热分解法和反应沉积法，但热分解法受到原料气体的限制，同时价格较高，所以一般使用反应沉积法进行制备。

将样品置于密闭的反应器中，外面的加热炉保持所需要的反应温度（700～1100℃）。TID 由 H_2 载带，途中和 CH_4 或 N_2 等混合，再一起涌入反应器中。反应中产生的残余气体在废气处理装置中一并排放，反应在常压或 6666.1～133322Pa（50～100Torr）的低真空下进行，通过控制反应器的大小、反应温度、压力和气体的组分等，得到最佳的工艺条件。

3.2.5.2　化学气相沉积技术的优点

化学气相沉积技术的优点如下：

（1）既可制造金属膜，又可按要求制造多成分的合金膜。通过对多种气体原料的流量进行调节，能够在相当大的范围内控制产物的组分，并能制取混晶等复杂组成和结构的晶体，同时能制取用其他方法难以得到的优质晶体。

（2）速度快。沉积速度能达到每分钟几微米甚至几百微米，同一炉中可放入大批量的工件，并能同时制出均一的薄膜，这是其他的薄膜生长法，如液相外延和分子束外延等方法远不能比拟的。

（3）在常压或低真空下，镀膜的绕射性好。开口复杂的工件、工件中的深孔和细孔均能得到均匀的薄膜，在这方面 CVD 要比 PVD 优越得多。

（4）由于工艺温度高，能得到纯度高、致密性好、残余应力小和结晶良好的薄膜；又由于反应气体、反应产物和基体间的相互扩散，可以得到结合强度好的薄膜，这对于制备耐磨和抗蚀等表面强化膜是至关重要的。

（5）CVD 可以获得表面平滑的薄膜。这是由于 CVD 与 LPE 相比，前者是在高饱和度下进行的，成核率高，成核密度大，在整个平面上分布均匀，从而产生宏观平滑的表面。同时在

CVD 中，与沉积相关的分子或原子的平均自由程比 LPE 和熔盐法大得多，从而使分子的空间分布更均匀，这更有利于形成平滑的沉积表面。

(6) 辐射损伤低。这是制造 MOS（金属氧化物半导体）等半导体器件不可缺少的条件。

化学气相沉积的主要缺点是：反应温度太高，一般在 1000℃ 左右，许多基体材料大都经受不住 CVD 的高温，因此其用途大大受到限制。

通过对上述各种沉积方法的综合比较，不难看出真空离子镀的综合指标比较优良，具体见表 3-1。

表 3-1　典型镀膜方法的比较

镀膜方法	电镀	真空蒸发	溅射镀膜	离子镀	化学气相沉积
可镀材料	金属	金属、化合物	金属、合金、化合物、陶瓷、聚合物	金属、合金、化合物	金属、化合物
镀覆机理	电化学	真空蒸发	辉光放电、溅射	辉光放电	气相化学反应
薄膜结合力	一般	差	好	很好	很好
薄膜质量	可能有气孔，较脆	可能不均匀	致密、针孔少	致密、针孔少	致密、针孔少
薄膜纯度	含浴盐和气体杂质	取决于原料纯度	取决于靶材纯度	取决于原料纯度	含杂质
薄膜均匀性	平面上较均匀，边棱上不均匀	有差异	较好	好	好
沉积速率	中等	较快	较快（磁控溅射）	快	较快
镀覆复杂表面	能镀，可能不均匀	只能镀直射的表面	能镀全部表面，但非直射面结合差	能镀全部表面	能镀全部表面
环境保护	废液、废气需处理	无	无	无	废气需处理

3.3 多弧离子镀技术概述

3.3.1 离子镀技术发展

自从美国人 D. M. Mattox 在 1963 年首次提出并率先应用离子镀技术以来，该技术一直受到了研究人员的重视和用户的关注，发展相当迅速。1971 年，研制出了成型枪电子束蒸发镀；1972 年，美国人 R. F. Bunshah 和 A. C. Ranghuram 发明了活性反应蒸镀（ARE）技术，并成功地沉积了以 TiN 和 TiC 为代表的硬质膜，使离子镀技术进入了一个新的阶段；随后，将空心热阴极技术用于薄膜材料的沉积合成上，进一步将其发展完善成空心阴极放电离子镀，它是当时离化效率最高的镀膜形式；1973 年，出现了射频激励法离子镀；进入 20 世纪 80 年代，国内外又相继开发出电弧放电型高真空离子镀、电弧离子镀和多弧离子镀等。至此，各种蒸发源及各种离化方式的离子镀技术相继问世。近年来，国内按照不同的使用要求制造出了各种离子镀设备，并已达到了工业生产的水平，其中多弧离子镀技术在 80 年代中期就广泛应用于工业生产中，近些年来又获得了快速的发展。

3.3.2 多弧离子镀技术特点

多弧离子镀技术是采用冷阴极电弧蒸发源的一种较新的物理气相沉积技术，它是把真空弧光放电用于蒸发源的镀膜技术，也称真空弧光蒸发镀。其特点是采用电弧放电方法直接蒸发靶材，阴极靶即为蒸发源，这种装置不需要熔池。多弧离子镀是以等离子体加速器为基础发展起来的等离子体工艺过程。多弧离子镀以其离化率高、沉积速率快和膜/基结合强度好等诸多优点，占有了薄膜市场的很大份额，是工业领域沉积硬质膜的最优方法。另外，磁过滤阴极真空电弧技术由于运用等离子体电磁场过滤，可有效减少或消除大颗粒，但它同时会导致沉积速率的大幅度下降，因此不能适应实际生产的高效率要求。

多弧离子镀技术具有以下主要特点：

（1）金属阴极蒸发器不熔化，可以任意安放使薄膜的均匀性提高，基板转动机构得以简化，且它也可采用多个蒸发源装置。

（2）外加磁场可以改善电弧放电，使电弧细碎，转动速度加快，细化薄膜微粒，对带电粒子产生加速作用等。

（3）金属离化率高，可达到60%～90%，这有利于薄膜的均匀性和膜/基结合力的提高，是实现"离子镀膜"和"反应镀膜"的最佳工艺。

（4）一弧多用，既是蒸发源、加热源，又是预轰击净化源和离化源。

（5）设备结构简单且可以拼装，适于镀各种形状的零件（包括细长杆，如刀具等），工作电压低，较安全。

（6）沉积速率高，镀膜效率高。

（7）不足之处是降低薄膜表面光洁度。阴极弧蒸发过程非常剧烈，会使沉积的膜产生较多的金属液滴和微孔等缺陷。

（8）阴极发射的蒸气微粒不均，有的微粒达微米级。所以，细化蒸气微粒是当前提高薄膜质量的关键。

3.3.3 多弧离子镀技术原理

多弧离子镀技术的工作原理主要是基于冷阴极真空弧光放电的理论。按照这种理论，电量的迁移主要借助于场电子发射和正离子电流，这两种机制同时存在而且互相制约。在放电的过程中，阴极材料大量地蒸发，这些蒸气原子所产生的正离子在阴极表面附近很短的距离内产生极强的电场，在这样强电场的作用下，电子足以能够直接逸出到真空，产生所谓的"场电子发射"。在切断引弧电路之后，这种场电子发射型弧光放电仍能自动维持。按照 Fowler Norcheim 方程，可以简化为：

$$J_e = BE^2 \exp(-C/E) \qquad (3-1)$$

式中　J_e——电流密度，A/cm^2；

E——阴极电场强度，V/cm；

B，C——与阴极材料有关的常数。

多弧离子镀使用的是从阴极弧光辉点放出的阴极物质的离子。阴极弧光辉点是存在于极小空间的高电流密度、高速变化的现象，其机理如图 3-1 所示。

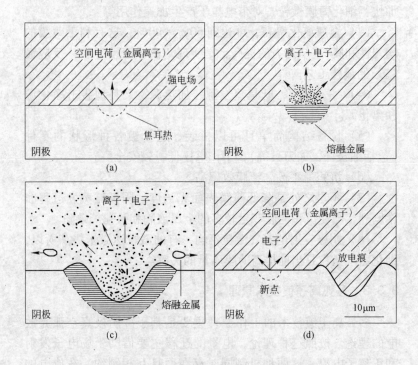

图 3-1　真空弧光放电的阴极辉点示意图

被吸引到阴极表面的金属离子形成空间电荷层，由此产生强电场，使阴极表面上功函数小的点（晶界或微裂纹）开始发射电子，见图 3-1（a）。

个别发射电子密度高的点，电流密度高。焦耳热使其温度上升又产生了热电子，进一步增加了发射电子，这种正反馈作用使电流局部集中，见图 3-1（b）。

由于电流局部集中产生的焦耳热使阴极材料局部地、爆发性地等离子化而发射电子和离子，然后留下放电痕，这时也放出熔融的阴极材料粒子，见图 3-1（c）。

发射的离子中的一部分被吸引回阴极材料表面，形成了空间电荷层，产生了强电场，又使新的功函数小的点开始发射电子，见图 3-1（d）。

这个过程反复地进行，弧光辉点在阴极表面上激烈地、无规则地运动。弧光辉点通过后，在阴极表面上留下了分散的放电痕。

阴极辉点极小，有关资料测定为 $1 \sim 100\mu m$。所以，其具有很高的电流密度，其值为 $10^5 \sim 10^7 A/cm^2$。这些辉点犹如很小的发射点，每个点的延续时间很短，约为几至几千微秒，在此时间结束后，电流就分布到阴极表面的其他点上，建立足够的发射条件，致使辉点附近的阴极材料大量蒸发。阴极斑点的平均数和弧电流之间存在一定的比例关系，比例系数随阴极材料而变。根据实验，电流密度估计在 $10^5 \sim 10^8 A/cm^2$ 范围内。

真空电弧的电压用空间电荷公式计算，则为：

$$u = \left(\frac{9J_e x^2}{4\varepsilon_0} \sqrt{\frac{m}{2e}} \right)^{\frac{2}{3}} \tag{3-2}$$

式中　u——电弧电压，V；

J_e——导电介质的电流密度，A/cm^2；

x——导电介质的长度，cm；

ε_0——能量密度，mJ/cm^3；

e——电子电荷量，C；

m——离子质量，mg。

阴极斑点可以分为以下 4 种类型：（1）静止不动的光滑表面斑点（LSS）；（2）移动的光滑表面斑点（MSS）；（3）带平均结构效应的粗糙表面斑点（RSA）；（4）带个体结构效应的粗糙表面斑点（RSI）。

阴极辉点使阴极材料蒸发，从而形成定向运动的、具有

10~100eV 能量的原子和离子束流，其足以在基体上形成结合力牢固的薄膜，并使沉积速率达到 10nm/s~1μm/s，甚至更高。在这种方法中，如果在蒸发室中通入所需的反应气体，则能生成反应物膜，其反应性能良好，且薄膜致密均匀、结合性能优良。

一般在系统中需设置磁场，以改善蒸发离化源的性能。磁场使电弧等离子体加速运动，增加阴极发射原子和离子的数量，提高原子和离子束流的密度和定向性，减少大颗粒（液滴）的含量，这就相应地提高了薄膜的沉积速率、薄膜的表面质量和膜/基的结合性能。

4 镀膜工艺参数与研究方法

4.1 多弧离子镀设备简介

多弧离子镀膜机设备一般具有较高的真空度（极限真空度约为 8.0×10^{-4} Pa）、可控性强（工艺参数可分别调节）、多沉积靶源和外加可控维弧磁场等多种特点。镀膜机主要由真空反应室、真空系统、电控系统和冷却系统四部分组成，图 4-1 所示为 MAD-4B 型多弧离子镀膜机的结构。

真空反应室是设备的主体部分，反应室壁接地处于零电位，

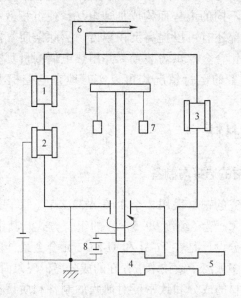

图 4-1　MAD-4B 型多弧离子镀膜机的结构

1, 2—Ti-Al-Zr 靶；3—Cr 靶；4, 5—进气口；6—真空系统；

7—试样；8—偏压电源

冷阴极弧源（靶材）接电源负极，并在圆形室壁上空间不对称的分布，这可以充分利用反应的空间，其弧电流在 0～150A 范围内可调。工件架的支撑位于真空室的底部中央，并与室壁和传动轴之间有绝缘结构。传动轴在低速电机的驱动下转动，带动工件架进行公转和自转，这有利于提高镀膜的均匀性。工件架为了防止阴极弧源的温度过高而被熔化，因此被安装在一个水冷座上，外通循环水进行冷却。靶的水冷座上还装有强度可调的强磁体，镀膜时可通过调节磁体产生的磁场，间接地控制靶表面电弧的收缩，使靶的表面均匀烧蚀，从而控制蒸发或沉积的速率。真空系统由机械泵、罗茨泵及扩散泵组成，真空反应室可充入多种反应气体（如 N_2、O_2 等）和惰性气体（如 Ar、He 等），通过质量流量计控制气体的流量，由真空计测量真空室内气体的压力。在试样架、反应室壁和靶材上都有偏压装置，它可以产生不同的电势而构成加速电场，使沉积效率更高。真空反应室内部还有可以提高沉积温度、去除杂质气体和消除薄膜内应力的钼合金片烘烤装置，并用热电偶测量真空室内的温度。以上设备的运行情况均可以实时地在电控柜上得到反馈信息。

4.2 实验材料

4.2.1 靶材的选择与制备

本书研究的靶材采用 2 个 Ti63-Al32-Zr5（原子分数）合金靶和 1 个纯 Cr 靶（纯度 99.5%）的组合方式。其中，Ti-Al-Zr 合金靶的成分设计是在 Ti-Al 和 Ti-Zr 二元合金最佳配比的基础上，并结合多弧离子镀技术中存在的成分离析现象而得出的。

由于靶材的成分和致密度对薄膜的制备和质量有着重要的影响，而且大部分的镀膜靶材是很难进行加工的。因此，镀膜靶材的生产一般采用粉末冶金法和特殊熔炼法。但是，粉末冶金需要多种设备和多种工艺步骤，且制造出的靶材有较多的空隙，因此靶材总会残留较多的气体杂质，这些气体在溅射时会影响真空室的真空度和造成杂质污染，从而不利于得到高质量的薄膜。为此，采用真空感应熔炼方法进行靶材的制备，使用真空自耗电极电弧炉，经 3 次熔炼制备铸锭并经过开坯、锻造、精锻和切割等加工过程，其结构如图 4-2 所示。

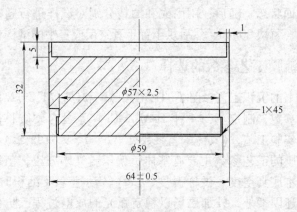

图 4-2　靶结构示意图

4.2.2　基材的选择与预处理

在基体—薄膜体系中，两者的组合方式是多种多样的，只有充分考虑薄膜和基体性能的匹配并作出合理的选择，才能获得最优的性能。对用于刀具切削的基体材料而言，一般选用高速钢和硬质合金材料。本书选择了具有代表性的 W18Cr4V 高速钢（HSS）和 WC-8% Co 硬质合金（YG8）作为基体材料进行介绍。

W18Cr4V 高速钢经 1280℃ 的油冷淬火和 560℃ 的 3 次回火热处理后，线切割成薄片试样。硬质合金可以选用硬质合金厂家已经生产好的 WC-8% Co 硬质合金，且试样表面已被抛光。

基体预处理的目的是为了清除基体表面的油污积垢、氧化物和锈蚀等污物，而且基体表面平整、清洁和光亮可以提高薄膜和基体间的结合强度。如果基体表面未抛光平或未彻底清洁，表面仍存在附着物、锈斑或氧化层等，镀膜时这些缺陷处就容易出现微孔、剥落和"打火"等现象。本书实验对高速钢和硬质合金基体试样表面使用了水磨砂纸逐级打磨（180 号-320 号-600 号-800 号-1000 号），并用粒度为 3.5μm 的金刚石研磨膏抛光至镜面状态。随后，用丙酮和酒精分别对试样进行超声波清洗两次，每次 20min，然后烘干置于真空反应室中的试样台上。

4.3　镀膜工艺参数的选择

本书的沉积工艺参照了 (Ti, Al, Cr) N 和 (Ti, Al, Zr) N 膜的沉积工艺参数，制定了与 4 种 Ti-Al-Zr-Cr-N 系复合硬质膜相适宜的沉积实验工艺，（具体工艺参数见第 5、7、9 和 11 章）。多弧离子镀膜的工艺参数主要有基体负偏压、气体分压、靶弧电流强度、本底真空度、试样温度、试样转动速率及沉积时间等。除了上述因素外，外加磁场以稳定弧光的放电过程、防止杂质气体对真空室的污染以及减少从阴极靶飞溅的液滴等对薄膜质量的影响也十分重要。

4.3.1　基体负偏压

在多弧离子镀过程中，镀膜真空室内被等离子体气氛所填充，等离子体中含有大量的离子、电子及中性粒子。

（1）在未加负偏压时，受电弧的辐射和等离子鞘层电压的影响，基体有一定的温升，但温度较低，同时沉积速率较小，在相同时间内沉积的薄膜厚度较薄；

（2）当基体被施加负偏压时，等离子体中的离子将受到负偏压电场的作用而加速飞向基体，当到达基体表面时离子轰击基体，并将从电场中获得的能量传递给基体，导致基体温度迅速上升，薄膜生长速率快，薄膜较厚；

（3）然而负偏压过大时，离子强烈的轰击基体会引起反溅射现象，致使薄膜厚度有所减小。所以，合适的偏压可以增加膜/基结合力、细化薄膜的晶粒及减少表面液滴等杂质的沉积量。偏压过低则起不到上述的作用，而偏压过高又会产生不利的影响，降低工作效率且使试样的表面粗糙。本书介绍了 $-50V$、$-100V$、$-150V$ 和 $-200V$ 四种偏压，以考察不同的偏压条件对 Ti-Al-Zr-Cr-N 系复合硬质膜的成分、结构、组织和性能的影响。

4.3.2 气体分压

本书研究采用 99.99% 的高纯氩气作为保护气体，采用 99.99% 的高纯氮气作为反应气体来实现 Ti-Al-Zr-Cr-N 系复合硬质膜的制备。气体分压为保护气体或反应气体的实际压强，它是相对于整体气体压强而言的，反映真实保护气体或反应气体的含量。反应气体分压直接影响到生成离子或离子间化合物的种类和比例，间接影响薄膜的物相和组织，对反应膜的性能有很大影响。同时，气体分压还影响薄膜的紧实程度和内应力，当气体分压增大时将提高薄膜的压应力，从而提高薄膜的致密度。在各种不同的偏压条件下，薄膜的沉积速率都随着气体分压而变化。由于在不同的气体分压条件下，真空室的总压强是恒定的，排除因气体对沉积离子的散射作用外，同一偏压下沉积速率的变化只能是由其分压的不同造成的。所以，本书实验的气体分压选取在 $(1.5 \sim 2.0) \times 10^{-1} \sim (2.5 \sim 3.0) \times 10^{-1} Pa$ 之间。

4.3.3 弧电流强度

弧电流强度对靶材的蒸发和沉积速率有重要的影响。一般来说，弧电流强度越大，靶材的蒸发和离化率就越高，但超过一定数值时（根据靶的材质而定），会产生较大的金属或合金液滴，使反应不充分而在基体某处聚集。这不仅影响了薄膜的形貌，而且会形成局部的成分分布不均匀和应力集中，从而导致局部性能的大幅度下降，最终影响试样整体的性能。此外，靶的弧电流还被称为维弧电流，它所产生的电磁场与外加强磁场叠加后，使圆形电弧斑在靶材表面做不停的、有规律的收缩运动。在这种稳定的磁场作用下，靶材的蒸发和沉积速率都趋于稳定。

当弧电流强度增强时，离子的数量和能量有所增加，这使得基体的温度升高，从而使薄膜在沉积生长的过程中，晶粒的生长方式发生变化。

弧电流强度对成分离析效应有一定的影响。利用多弧离子镀技术制备复合硬质膜时，经常会在相同的工艺条件下出现成分离析现象。实验表明，当靶的弧电流到达某一特定值时，相同工艺下得到的薄膜成分和靶材成分的比例趋于一致。

所以，综上所述并结合实际的镀膜经验，本书研究的弧电流控制在 40 ~ 70A 之间。

4.3.4 本底真空度

本底真空度是指未充入保护气体和反应气体之前，真空室内气体压强的量度。

4.3.4.1 本底真空度对薄膜成分的影响

本底真空度越小，说明反应室中的气体分子或原子数越少，换言之就是气体的纯度越高、杂质越少。对于复合反应离子镀膜，反应时应尽量避免杂质元素的介入，从而避免对反应膜成分及性能的影响。

4.3.4.2 本底真空度对反应速率和沉积速率的影响

真空度很高时，反应气体和靶离子化时产生的等离子团中带电粒子的平均自由程相对较短，比较容易发生反应，生成稳定的离子化合物，其反应速率相对较高。与此同时，在偏压加速电场的作用下，离子化合物、部分正离子和液滴等都以不同的速率沉积到基体上形成薄膜。在沉积的过程中，若存在的杂质气体较多，势必会降低生成物的运动速率或轨迹而影响薄膜的沉积速率。本书实验的本底真空度设为 $1.3 \times 10^{-2} Pa$。

4.3.5 试样温度

在沉积过程中，试样的温度直接影响到沉积物所形成的相、薄膜的组织、膜/基之间的结合方式和过渡层的结构等。温度过高或过低都会产生由热应力和组织应力所带来的内应力，严重的甚至会使薄膜破裂脱落，降低薄膜的使用性能。当试样温度较低时，沉积原子的表面迁移率小，核的数目有限，由核生长为锥形的微晶结构，这种结构不致密，在锥形微晶之间有几十纳米的纵向气孔，结构中位错密度高，残余应力大，薄膜的表面粗糙；当试样温度较高时，薄膜的组织以较粗大的柱状晶形式长大，结构呈现等轴晶形貌，晶粒疏松且耐蚀性差。所以，只有在合适的温度下，才能形成细柱状的致密组织，薄膜的性能也较好。本书实验通过调整烘烤电流使试样的温度控制在 $260 \sim 270℃$。

4.3.6 试样转动速率

尽管多弧离子镀设备的沉积源是不对称的合理分布，靶材的绕镀性良好，但是仍存在着沉积死角。为了获得成分和组织相对均匀的薄膜，降低液滴污染对薄膜组织和性能的影响，试样还需要保持一定的转动速率。本书研究的传动轴电压设定为 $35 \sim 45V$。

4.3.7 沉积时间

沉积时间主要影响薄膜的厚度。随着薄膜的厚度增加，热应力和组织应力有增加的趋势。当沉积时间达到一定值时，薄膜的厚度达到最大值，但此后由于反溅射现象，薄膜的厚度不但不会增加，反而还会降低。所以，本书实验的沉积时间控制在 $35 \sim 60min$。

4.3.8　磁场

多弧离子镀膜中的磁场主要是对阴极弧斑的运动情况进行控制，它可以提高弧源放电过程的稳定性，减少液滴的数量，提高薄膜的力学性能、致密性和膜/基结合性能，同时它还可以提高靶材的利用率。所以，本书实验采用了外加磁场以控制阴极斑的运动。

4.4　薄膜的表征方法

利用电子能谱仪（Energy Disperse X-ray Spectroscopy，EDS）、扫描电镜（Scanning Electron Microscopy，SEM）、激光扫描共聚焦光学显微镜（Laser Scanning Confocal Optical Microscopy，LSCOM）和 X 射线衍射（X-ray Diffraction，XRD）测量和表征薄膜的成分、形貌、粗糙度和微观结构；利用显微硬度计、划痕仪和摩擦磨损试验机测评了薄膜的硬度、膜/基结合力及薄膜在常温和高温条件下的耐磨损性等力学性能；同时利用 SEM、EDS 和 XRD 等检测手段分析了薄膜的高温氧化行为。

4.4.1　薄膜表面和断口形貌观察

采用扫描电镜观察薄膜表面和断口的微观形貌，并用 SEM 测试所沉积薄膜的厚度。SEM 电子束的加速电压为 15kV。利用激光扫描共聚焦显微镜线扫描测量薄膜的表面平均均方根粗糙度，每个试样的粗糙度结果是 10 次以上测量的平均值。

4.4.2　薄膜成分分析

采用扫描电镜附带的能谱仪进行薄膜表面点分析和断口线分析。

4.4.3 薄膜相结构分析

薄膜的相结构由 X 射线衍射仪确定，并用 Scherrer 公式计算其晶粒尺寸。衍射仪阳极材料有 Cu 和 Co，主要技术指标：超高频电压发生器高压稳定度为 0.005%，转动方式为 θ/θ，角度重现性为 ±0.0001°，聚焦光路用于块材料，平行光路用于表面相分析。

本书实验中测试采用 Cu 靶的 K_α 射线的连续扫描，镀膜试样扫描角度为 30°～90°，步长为 0.033°，电压为 40kV，电流为 40mA。

4.4.4 薄膜硬度测试

利用显微维氏硬度计测定膜/基复合体的显微硬度（例如加载载荷为 25g）；或者测定薄膜的本征硬度（例如加载载荷为 10g）。

对于氮化物复合硬质膜的测试而言，载荷的选择非常重要。较大的载荷（例如 25g、50g 等）会因为压头前端的变形区扩散到基体，使得测量值是薄膜和基体复合作用的结果，硬度值偏低；而较小的载荷（例如 5g）则会因为薄膜表面的粗糙度引起测量结果的失真和分散，所以考虑到薄膜的厚度和预测的薄膜硬度值，测量薄膜的本征硬度时，设定加载载荷为 10g。显微硬度计自动对试样加载后卸载，在薄膜表面会留下一定大小的扁长菱形压痕，量出菱形较长的对角线长度，仪器自动读取显微硬度数值。每个试样的硬度结果是 10 次以上测量的平均值。

4.4.5 膜/基结合力测试

在目前评价薄膜与基体之间结合力的方法中，普遍认为划痕实验法尤其是声发射划痕仪是一种有效的评价手段。该装置运用声发射检测技术、摩擦力检测技术及微机自控技术，通过自动加载机构将负荷连续加至金刚石压头的划针上，同时移动试样，使划针划过薄膜表面，通过各个传感器来获取划痕时的声发射信号、载荷的变化量和摩擦力的变化量。当划针将薄膜突然划破或脱落时，摩擦力将发生较大变化，摩擦力曲线由此亦发生变化而产生拐点，同时设备会发出微弱的声信号，此时得到的载荷即为薄膜的临界载荷，以此来表示膜/基结合力。实验时每个试样做 3 次划痕实验，以其平均值作为实验结果。

4.4.6 薄膜耐磨性能研究

薄膜的耐磨性能是与薄膜的硬度和膜/基结合力都有密切相关的性能，只有其硬度和结合力的综合性能较高时，才可能具有较好的耐磨性。薄膜的耐磨性一般考虑其磨损量和摩擦系数两个参量：磨损量是用单位时间内薄膜磨损的质量来表示，本实验的薄膜硬度较高且厚度较薄，所以实际测量的磨损量会有很大的偏差，其意义不大；选择摩擦系数作为耐磨性的参量，比较方便于测量，其精度也比较高，但是摩擦系数不能完全代表薄膜的磨损量。所以，本书实验采用摩擦系数和磨损形貌破损趋势的同步分析方法来鉴定薄膜的耐磨性能。

采用高温摩擦磨损试验机，分别在常温（15℃）和高温（500℃）条件下进行摩擦磨损实验。该设备是通过恒温摩擦磨损实验，直接给出了设定温度下薄膜的摩擦系数值及其变化趋势，从而来检测薄膜的耐磨损性能。它将高温炉内试样的温度加热到所需的温度值，通过加载机构加上实验所需的载荷后，由主动电机驱动试样转动，通过与不转动对偶面（球或栓）进行滑动摩擦。试验仪器的摩擦系数最大设定值为 1，当薄膜的即时摩擦系数超过设定值时，仪器自动停止摩擦磨损实验，此时视薄膜已经破裂或剥离。在进行摩擦磨损实验前，按照角速度相同的原则，分别设定电机频率为 10Hz 和摩擦半径为 2.5mm，然后根据输入的电机频率值转化成实验的转速值公式：转速（r/min）= 56 × 频率（Hz），计算出摩擦副主轴转速为 560r/min（参照刀具在实际机加工时的转速而定）。对偶材料是直径为

3mm 的氮化硅陶瓷球，加载载荷为 970g，加载时间为 10min，摩擦系数范围为 0.001 ~ 2.00，显示精度为 0.2% FS。同时，使用场发射扫描电镜同步观察具有典型破坏特征的磨损表面形貌。

4.4.7　薄膜抗高温氧化性能

本书实验选取了在 - 150V 偏压条件下沉积的薄膜进行其高温氧化性能的研究。高速钢、硬质合金基体及其四种复合硬质膜的高温氧化实验是在坩埚炉（误差 ±5℃）中进行的。将盛有试样的坩埚（每个坩埚中一块试样）称重后，分别置于坩埚炉中，加热到 600℃、700℃、800℃和 900℃并保温 4h，然后将坩埚连同试样一起出炉，冷却至室温，称重测量出试样氧化后的质量变化，并观察试样表面的色泽变化。随后，在 700℃ 和 800℃进行长时（100h）的循环氧化实验，每隔 4h 将坩埚和试样从炉中取出，冷却至室温后称重，再加热进行下一个循环周期。

采用电子天平（精度约为 0.1mg）测定其质量变化，单位面积的氧化增重 Δg 是衡量薄膜高温氧化性能的一项重要指标，见式（4-1），然后根据测量结果绘制其氧化增重曲线：

$$\Delta g = \frac{\Delta W}{A} \tag{4-1}$$

式中　Δg——单位面积的氧化增重，mg/mm^2；

　　　ΔW——氧化后试样的增重，mg；

　　　A——试样的表面积，mm^2。

利用扫描电镜观察高温氧化后薄膜的微观形貌，并用其附带的能谱仪测定其成分，利用 XRD（扫描角度为 20° ~ 90°）定性分析氧化后薄膜的相结构组成。

5 （Ti，Al，Zr，Cr）N 多元单层膜的制备与微结构

随着现代科学技术的不断进步和金属切削工艺的快速发展，特别是高速切削、硬切削和干切削工艺的出现，对金属切削刀具提出了越来越高的要求。切削刀具表面薄膜技术是近几十年应市场需求发展起来的材料表面改性技术，它是利用硬质氮化物膜进行的刀具表面防护，既可有效地延长高速钢或硬质合金刀具的切削速度和使用寿命，又能发挥它的"硬质、强韧、耐磨和自润滑"的优势，从而大大提高了金属切削刀具在现代加工过程中的耐用度和适应性。近些年来，新型的薄膜材料和薄膜工艺方法不断地出现，使得薄膜刀具的应用也越来越广泛。目前，硬质反应膜技术在齿轮刀具和钻头等多数高速钢和硬质合金刀具中都有广泛的应用。

近年来，薄膜技术的进步使得制备硬质反应膜的方法不断进步，日趋复杂化和多样化；同时，硬质反应膜的种类也在不断更新，从单一的金属反应膜到二元合金反应膜，再朝着多元合金反应膜发展；而且从薄膜的层数来看，也从单层膜朝着多层膜和梯度膜的复合化方向发展。

5.1 （Ti，Al，Zr，Cr）N 膜制备

薄膜的整个工艺制备流程为：试样镀膜前的检查→试样表面的水磨砂纸逐级打磨→试样表面的抛光→丙酮超声波清洗（两次）→乙醇超声波清洗（两次）→烘干→装炉→真空室抽至高真空→离子轰击清洗 10min→沉积（Ti，Al，Zr，Cr）N 膜 40min→真空冷却→出炉。

对于硬质膜的多弧离子镀工艺，影响薄膜质量的主要工艺

参数是偏压和氮气分压。(Ti,Al,Zr,Cr)N 膜的沉积工艺中固定了氮气分压，而设置了四种沉积偏压以观察其对薄膜的影响。当真空室的本底真空度达到 1.3×10^{-2} Pa，通入氮气至其分压为 $(2.5 \sim 3.0) \times 10^{-1}$ Pa 时开启离子源，对待镀试样表面进行离子溅射清洗，轰击偏压为 -350V。为了稳定阴极靶的弧源放电过程，采用了外加磁场控制阴极斑的运动。在制备(Ti,Al,Zr,Cr)N 膜时，氮气分压保持为 $(2.5 \sim 3.0) \times 10^{-1}$ Pa，沉积偏压分别控制为 -50V、-100V、-150V 和 -200V，Ti-Al-Zr 靶和 Cr 靶的弧电流分别为 70A 和 40A，通过调整烘烤电流使真空室内的温度保持在 $260 \sim 270$℃，传动轴电压为 35V。(Ti,Al,Zr,Cr)N 膜制备完毕后，试样在炉中的真空条件下逐渐冷却。

5.2 （Ti,Al,Zr,Cr)N 膜组织形貌

5.2.1 薄膜实物照片

如图 5-1 所示，高速钢和硬质合金试样经多弧离子镀(Ti,Al,Zr,Cr)N膜处理后，试样的表面呈现致密的铜黄色，表面光洁度好，手感光滑。

图 5-1 （Ti,Al,Zr,Cr)N 镀膜后的 W18Cr4V（半圆形）
和 WC-8％Co（方形）试样

5.2.2 薄膜表面形貌

不同偏压下在高速钢和硬质合金基体上沉积(Ti,Al,Zr,Cr)N 膜的表面形貌，如图 5-2 和图 5-3 所示。

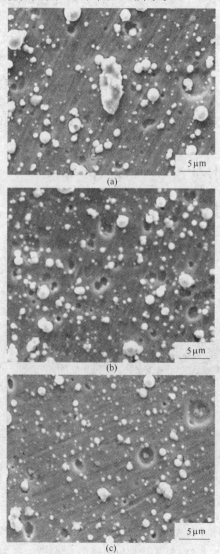

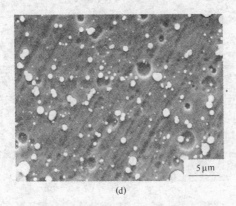

(d)

图 5-2　不同偏压下 W18Cr4V 基体上(Ti,Al,Zr,Cr)N 膜的表面形貌
（a）－50V；（b）－100V；（c）－150V；（d）－200V

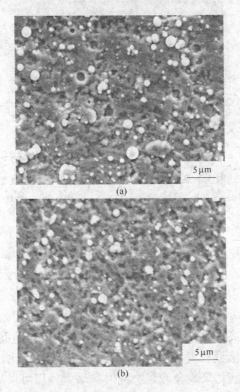

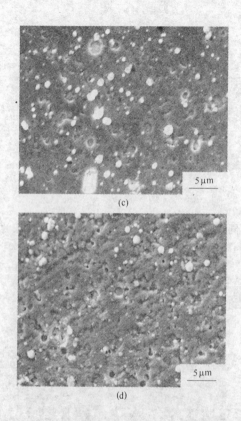

图 5-3   不同偏压下 WC-8% Co 基体上(Ti,Al,Zr,Cr)N 膜的表面形貌

（a） -50V；（b） -100V；（c） -150V；（d） -200V

从图 5-3 中可以看出，两种基体薄膜的表面均有较多白亮的颗粒，这是金属微滴喷射的结果，即液滴污染现象。在多弧离子镀过程中，电弧弧斑轰击靶材的表面，由于电弧温度很高，引起靶材的表面熔化，其中未电离的中性原子就会以液滴的形式喷射出来，沉积到薄膜表面形成液滴污染现象。它们的尺寸很不均匀，高速钢基体上薄膜的最大液滴尺寸达到 2.3μm 左右，而最小液滴尺寸仅为 0.2μm 左右。作为对比，硬质合金上薄膜的液滴污染现象较轻。同时，增大偏压可以减轻液滴的

污染现象，即偏压越大，薄膜表面的液滴尺寸越小、数量越少，表面形貌越均匀。这是由于在沉积过程中，随着负偏压的增大，基体对等离子体中正离子的吸引力增强，这样使得正离子对基体的平均轰击能提高。另外，液滴是靠惯性飞溅到薄膜上的，所以它与薄膜的结合比较疏松，它的周围会出现一低密度区域，有时还会出现缝隙。当薄膜生长过程中产生的残余压应力过大时，就会导致液滴剥落，形成微孔。偏压提高，微孔数量增多，产生这一现象的原因与高偏压下的反溅射效应有关。

5.2.3　薄膜表面粗糙度

(Ti,Al,Zr,Cr)N 膜表面经线扫描测得的平均均方根粗糙度，见表 5-1。当偏压从 - 50V 增加到 - 150V 时，薄膜的表面粗糙度逐渐得以改善；但当偏压达到 - 200V 时，表面又变得粗糙。因此，适当地控制沉积偏压的大小可以改善薄膜的表面形貌。

表 5-1　不同偏压下沉积 (Ti,Al,Zr,Cr)N 膜的表面粗糙度

偏压/V	表面粗糙度（均方根）/nm	
	W18Cr4V 基体	WC-8%Co 基体
- 50	260 ± 10	230 ± 10
- 100	160 ± 10	150 ± 10
- 150	80 ± 10	70 ± 10
- 200	140 ± 10	120 ± 10

5.2.4　薄膜断口形貌

不同偏压下在高速钢和硬质合金基体上沉积的(Ti,Al,Zr,Cr)N 膜的断口形貌，如图 5-4 和图 5-5 所示。

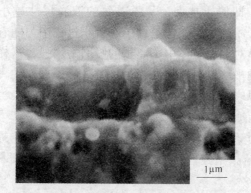

(a)

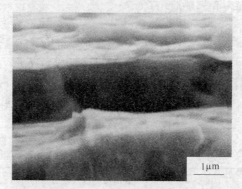

(b)

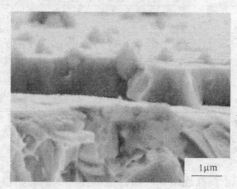

(c)

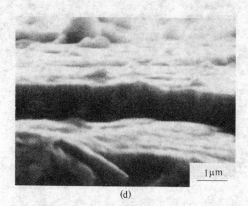

(d)

图 5-4 不同偏压下 W18Cr4V 基体上（Ti,Al,Zr,Cr）N 膜的断口形貌
（a）-50V；（b）-100V；（c）-150V；（d）-200V

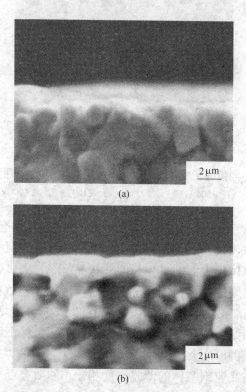

(a)

(b)

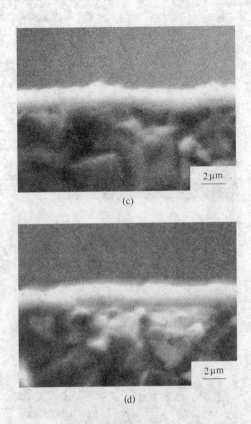

(c)

(d)

图 5-5   不同偏压下 WC-8% Co 基体上 (Ti, Al, Zr, Cr) N 膜的断口形貌
(a) -50V; (b) -100V; (c) -150V; (d) -200V

从图 5-4 和图 5-5 中可以看出，薄膜与基体结合得很紧密，组织非常致密均匀，无明显的微裂纹、针孔和分层等缺陷。薄膜具有从基体到表面垂直生长的柱状晶组织，大多数柱状晶贯穿了整个薄膜的厚度范围。薄膜的晶粒边界平整致密，而且晶粒沿晶界有轻微的延伸，产生了"钉扎"效应，这增加了膜/基之间的界面结合力。SEM 下测定的不同偏压条件下沉积的两种基体上薄膜的厚度大约为 1~1.5μm，每个薄膜的厚度都比较均匀，而且与高速钢基体的薄膜厚度相比，硬质合金基体的薄膜

厚度略薄。同时，随着沉积偏压的增大，薄膜的厚度有所减小，这说明偏压增大可使离子的轰击作用增强，反溅射现象更加明显。另外，高偏压也使薄膜的致密度有所提高，这在一定程度上降低了薄膜的沉积速率。

5.3 (Ti,Al,Zr,Cr)N 膜成分

5.3.1 薄膜表面成分

高速钢和硬质合金基体上沉积的(Ti,Al,Zr,Cr)N 膜的成分，见表5-2 和表5-3。从表中可以看出，除 −50V 偏压外，其他偏压下薄膜的成分变化均不明显。而且在所有情况下，N 原子分数与 Ti、Al、Zr 和 Cr 原子分数之和的比值均约为1∶1，基本符合化学计量比，其化学式可近似表示为(Ti,Al,Zr,Cr)N。而且在薄膜成分中，高速钢基体的(Al + Zr + Cr)/(Ti + Al + Zr + Cr) 比值为 0.44 ~ 0.52，而硬质合金基体的(Al + Zr + Cr)/(Ti + Al + Zr + Cr) 比值为 0.41 ~ 0.43。本书实验证明，当这种原子比值约为 0.44（W18Cr4V 基体上的膜）和 0.41（WC-8% Co 基体上的膜）时，薄膜可以获得最高的硬度。

表 5-2　W18Cr4V 基体上(Ti,Al,Zr,Cr)N 膜的成分

偏压/V	原子分数/%					
	Ti	Al	Zr	Cr	N	(Al + Zr + Cr)/(Ti + Al + Zr + Cr)
− 50	22.4	12.1	1.1	11.1	53.3	0.52
− 100	27.9	12.2	1.7	8.6	49.6	0.45
− 150	28.4	12.1	1.4	9.4	48.7	0.45
− 200	29.0	11.7	1.7	9.5	48.1	0.44

表 5-3　WC-8% Co 基体上(Ti,Al,Zr,Cr)N 膜的成分

偏压/V	原子分数/%					
	Ti	Al	Zr	Cr	N	(Al + Zr + Cr)/(Ti + Al + Zr + Cr)
− 50	26.3	11.3	1.5	7.1	53.8	0.43
− 100	28.7	10.4	1.2	9.9	49.8	0.43
− 150	29.6	10.1	1.3	10.1	48.9	0.42
− 200	30.6	9.2	1.7	9.9	48.6	0.41

5.3.2 薄膜成分离析

在多弧离子镀中，Ti、Al 和 Zr 合金靶的组成元素与薄膜成分之间存在着明显的偏离现象，即成分离析效应。将薄膜成分中 Ti、Al 和 Zr 三种元素的含量之和作为 100%，然后相应算出这三种元素所占的百分含量，再与 Ti-Al-Zr 合金靶的成分进行比较，其差值可表示其离析效应，它对实现薄膜的成分控制有着十分重要的意义。

图 5-6 和图 5-7 给出了不同偏压条件对两种基体上薄膜的成分离析效应的影响。

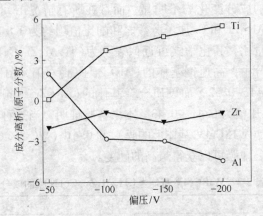

图 5-6   不同偏压下 W18Cr4V 基体的(Ti,Al,Zr,Cr)N 膜
与 Ti-Al-Zr 合金靶材的成分离析

从图 5-6 和图 5-7 中可知，两种基体薄膜中的 Ti 元素均发生了正离析，Zr 元素均发生了负离析，而 Al 元素除了高速钢基体的薄膜在 −50V 偏压外，其他情况下均发生了负离析，且其负离析量大于 Zr 元素的负离析量。两种基体中，硬质合金基体上的薄膜大于高速钢基体上薄膜的成分离析，并且基本上偏压越大，它们的成分离析效应越明显。在较大偏压的作用下，离子的定向移动速度增大，金属等离子体与中性原子团碰撞的几率增加，从而使成分离析效应更加明显。该成分离析效应为实

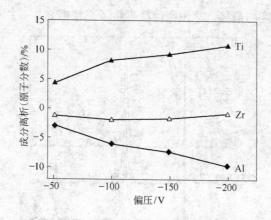

图 5-7 不同偏压下 WC-8% Co 基体的(Ti,Al,Zr,Cr)N 膜
与 Ti-Al-Zr 合金靶材的成分离析

现理想的薄膜成分而进行合金靶材的成分设计提供了重要依据。

5.4 （Ti,Al,Zr,Cr）N 膜相结构

不同的偏压条件下，在高速钢和硬质合金基体上镀(Ti,Al, Zr,Cr)N 膜后的 XRD 图谱，如图 5-8 和图 5-9 所示。根据李明升等的报道，当 $Ti_{(1-x)}Al_xN$ 中 $0 \leqslant x \leqslant 0.5$ 时，Al 可少部分替代 TiN 晶格中 Ti 的位置，薄膜点阵仍是 TiN 的面心立方结构；同时，由于薄膜中 Zr 和 Cr 的含量较低，Zr 和 Cr 原子仍是以置换 Ti 原子的方式存在于 TiN 的晶体结构中，最终生成一种 TiN 型结构（NaCl 型晶体结构）的(Ti,Al,Zr,Cr)N 氮化物复合膜。

剔除高速钢和硬质合金基体相的 XRD 峰后，新增加的谱线与标准 X 射线卡片上 TiN 的峰位一致。硬质合金基体镀膜后，新增加的谱线主要是 TiN 的（111）峰和（200）峰，同时出现强度较低的（220）峰、（311）峰和（222）峰。高速钢基体镀膜后，新增加谱线的强峰由 TiN（111）转向 TiN（220），而（111）峰、（200）峰、（311）峰和（222）峰相对较弱。而且，随着偏压的增大，两种基体镀膜后的 TiN（220）衍射峰均开始

发生小角度的偏移，这说明薄膜发生了晶格畸变。

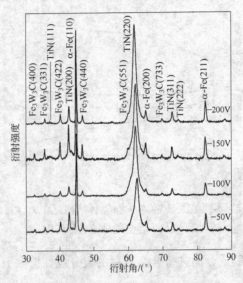

图 5-8　W18Cr4V 基体上（Ti,Al,Zr,Cr）N 膜的 XRD 图谱

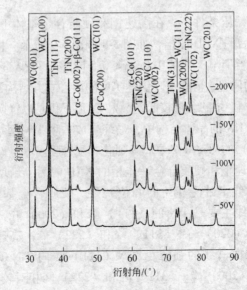

图 5-9　WC-8%Co 基体上（Ti,Al,Zr,Cr）N 膜的 XRD 图谱

由各种物理气相沉积方法制备的 TiN 膜多数呈现为 TiN (111) 强峰，而在本书实验中，高速钢基体的薄膜强峰转向 TiN (220)，谢致薇等人认为，这是由于在 3 个靶材的工作状态下，高速钢表面的温度升高相对很快，原子活性较大，促进了原子的扩散，而使某些晶面呈现出择优生长的缘故。

硬质合金基体上（Ti, Al, Zr, Cr) N 膜的晶格常数 $a = 0.432nm$，与高速钢基体上（Ti, Al, Zr, Cr) N 膜的晶格常数 $a = 0.424nm$（TiN 标准晶格常数 $a = 0.424nm$）相比，增大约 2.4%，这说明硬质合金基体的薄膜内存在明显的宏观残余应力。

通过 5.1 ~ 5.4 节的分析，可以得出以下主要的结论：

（1）利用多弧离子镀技术，使用 Ti-Al-Zr 合金靶和 Cr 靶的组合方式，在 W18Cr4V 高速钢和 WC-8% Co 硬质合金两种基体上成功地制备出具有 TiN 型面心立方结构的(Ti, Al, Zr, Cr) N 多元单层氮化物膜。沉积偏压控制在 $-100 ~ -200V$ 之间，可以获得稳定的成分和良好的表面形貌。

（2）（Ti, Al, Zr, Cr) N 膜的 (Al + Zr + Cr)/(Ti + Al + Zr + Cr) 原子比值分别在 0.44 ~ 0.52（W18Cr4V 基体）和 0.41 ~ 0.43（WC-8% Co 基体）之间，当其比值分别约为 0.44 和 0.41 时，薄膜可以获得更高的硬度。

6 (Ti, Al, Zr, Cr) N 多元单层膜的性能

6.1 (Ti, Al, Zr, Cr) N 膜硬度和膜/基结合力

6.1.1 薄膜硬度

利用 Wilson Wdpert 401MVD™数显显微维氏硬度计测定高速钢基体上(Ti, Al, Zr, Cr) N 膜的显微硬度时，最小的加载载荷为 25g。由于载荷较大，压头压入(Ti, Al, Zr, Cr) N 膜产生的塑性区将扩展到高速钢基体，使得所测的显微硬度实际上是膜/基复合体的硬度。薄膜越薄，其基体的影响就越大。随着压入深度的增加，基体和界面的应力应变场与薄膜发生交互作用的程度增大。因此，薄膜的本征硬度可根据下列公式求得，由实际测定的 H_c、H_s 计算薄膜的硬度 H_f，结果见表 6-1。

表 6-1 不同偏压下 W18Cr4V 基体及其 (Ti, Al, Zr, Cr) N 膜的显微硬度

偏压/V	H_s (HV$_{0.025}$)	H_c (HV$_{0.025}$)	H_f (HV$_{0.025}$)	$t/\mu m$
-50	650	2040	2734	1.5
-100	650	2215	3036	1.4
-150	650	1960	3179	1.1
-200	650	1900	3304	1

$$H_f = H_s + \frac{H_c - H_s}{2C(t/D) - C^2(t/D)^2} \tag{6-1}$$

式中　H_f——薄膜硬度，HV$_{0.025}$；

H_s——基体硬度，$HV_{0.025}$；

H_c——复合体硬度，$HV_{0.025}$；

t——薄膜厚度，μm；

D——压痕深度，为压痕对角线长度 d 的 0.1428 倍，μm；

C——常数，当薄膜硬度高于基体硬度时 $C = 2\sin^2 11°$。

利用 HXD-1000TMB/LCD 显微硬度计测定薄膜的显微硬度时，加载载荷为 10g，所测得的高速钢基体上（Ti, Al, Zr, Cr）N 膜的硬度值与表 6-1 的计算值基本相同，因此可以认定其测量值是薄膜的本征硬度。不同的偏压条件下，在高速钢和硬质合金基体上沉积的（Ti, Al, Zr, Cr）N 膜的本征显微硬度，见表 6-2。与 TiN（$2200HV_{0.01}$）和（Ti, Al）N（$2500HV_{0.01}$）薄膜相比，（Ti, Al, Zr, Cr）N 薄膜具有更高的硬度，最高值可达到 $3700HV_{0.01}$ 左右，这种现象与固溶强化有关。由于 Al、Zr 和 Cr 是以置换的方式存在于复合薄膜的点阵中，它们与 Ti 的原子半径存在明显的差异。随着这些元素在 TiN 晶体中固溶含量的增加，会使得其晶格局部发生畸变，从而产生晶格应力，而薄膜硬度的提高主要归功于这种晶格畸变。同时，硬质合金基体明显高于高速钢基体上膜的晶格常数（见 5.4 节（Ti, Al, Zr, Cr）N 膜的相结构分析），这将导致硬质合金基体高于高速钢基体的薄膜硬度。

表 6-2 不同偏压下沉积（Ti, Al, Zr, Cr）N 膜的显微硬度

偏压/V	显微硬度 （$HV_{0.01}$）[1]	
	W18Cr4V 基体	WC-8% Co 基体
-50	2730 ± 100	2950 ± 100
-100	3040 ± 100	3440 ± 100
-150	3180 ± 100	3520 ± 100
-200	3300 ± 100	3630 ± 100

① W18Cr4V 和 WC-8% Co 基体的显微硬度分别为 650 ~ 800$HV_{0.01}$ 和 1400 ~ 1500$HV_{0.01}$。

另外，当晶粒尺寸较小时，（Ti,Al,Zr,Cr）N 膜的晶粒尺寸可用 XRD 谱的半高宽进行估算，其计算的 Scherrer 公式为：

$$D = \frac{0.9\lambda}{B\cos\theta} \tag{6-2}$$

式中 D——平均晶粒尺寸，nm；

      λ——X 射线波长，nm；

      θ——Bragg 角，（°）；

      B——半高宽，nm。

高速钢基体的（Ti,Al,Zr,Cr）N 膜根据 XRD 谱线的衍射最强峰 TiN（220）计算，$\lambda = 0.154056$nm，$\theta = 30.991°$，$B = 0.02376$nm，代入这些数据计算得出，薄膜的平均晶粒尺寸约为 6.8nm；而硬质合金基体的（Ti,Al,Zr,Cr）N 膜根据 XRD 谱线的衍射最强峰 TiN（111）计算，$\lambda = 0.154056$nm，$\theta = 17.9895°$，$B = 0.01948$nm，代入这些数据计算得出，其薄膜的平均晶粒尺寸约为 7.5nm。与 TiN（晶粒尺寸约 13 ~ 16nm）相比，晶粒明显细化，而晶粒细化也可导致薄膜的显微硬度提高。

薄膜的显微硬度随偏压的升高而增大，这是由于薄膜硬度一般与其沉积的工艺参数和薄膜的结构密切相关。较大偏压时，金属离子在电场中获得更高的能量，从而使薄膜表面产生更强的离子轰击。离子轰击可提高原子的活性，促进扩散，从而使薄膜的缺陷减少，薄膜的结构更加致密，这些效应会促进薄膜显微硬度的提高。同时，当薄膜的（Al + Zr + Cr）/（Ti + Al + Zr + Cr）原子比值约为 0.45（W18Cr4V 基体）和 0.40（WC-8% Co 基体）时，可以获得更高的显微硬度。Charles F. 等人认为，偏压升高时，膜/基复合体硬度的增加是薄膜硬度和基体硬度共同作用的结果，其提高的程度与基体的偏压、基体的材质和薄膜的成分有关。

6.1.2 膜/基结合力

在不同的工艺下，(Ti,Al,Zr,Cr)N 膜与高速钢和硬质合金基体之间都有较好的界面结合力，测定结果见表 6-3。由于在沉积薄膜前，对高速钢和硬质合金两种基体进行了高偏压下的离子轰击清洗，高离化率是多弧离子镀技术最主要的特征之一，所以这种强烈的离子轰击能将有助于提高薄膜和基体之间的界面结合力。而且，采用多弧离子镀技术获得的(Ti,Al,Zr,Cr)N 膜与基体之间形成了均匀平整的接触界面，如图 5-4 和图 5-5 所示，它有利于提高薄膜与基体间的结合力。从表 6-3 可以看出，当偏压从 -50V 提高到 -100V 以上时，薄膜与两种基体之间的结合力都明显增加。这是因为当偏压增大时，高能离子对基体表面的轰击作用可以增加表面离子的活性，获得界面冶金结合，并促进伪扩散型过渡区的形成与宽化，进而改善膜/基的结合性能。因此，在镀膜工艺中应适当控制偏压的大小，以获得较高的膜/基结合力。

表 6-3 不同偏压下沉积的 (Ti,Al,Zr,Cr)N 膜与
基体间的界面结合力

偏压/V	结合力/N	
	W18Cr4V 基体	WC-8%Co 基体
-50	130 ~ 140	130 ~ 140
-100	170 ~ 180	180 ~ 190
-150	170 ~ 180	180 ~ 190
-200	180 ~ 190	190 ~ 200

薄膜与硬质合金基体间的结合力稍高于与高速钢基体间的结合力，其原因是基体硬度越高，它对薄膜的支撑作用越强，所施加的金属键合力越大，塑性变形抗力越强，结合力就越好。

6.2 （Ti，Al，Zr，Cr）N 膜耐磨性

6.2.1 薄膜摩擦系数曲线

不同偏压下在高速钢和硬质合金基体上沉积的（Ti，Al，Zr，Cr）N 膜，在常温（15℃）的环境中，其摩擦系数随磨损时间的变化曲线，如图 6-1 和图 6-2 所示。

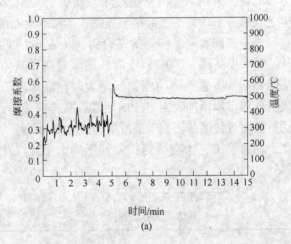

(a)

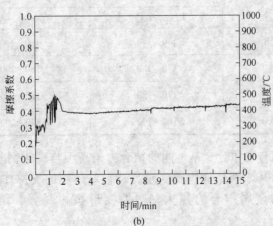

(b)

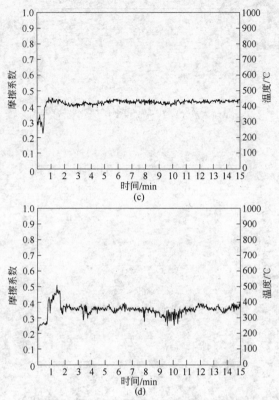

图 6-1 W18Cr4V 基体上(Ti,Al,Zr,Cr)N 膜的常温摩擦系数曲线

(a) −50V；(b) −100V；(c) −150V；(d) −200V

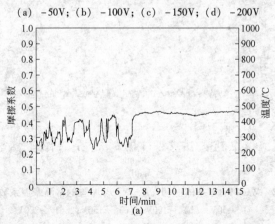

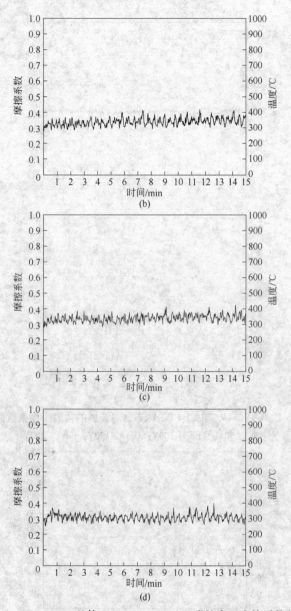

图 6-2   WC-8％Co 基体上（Ti，Al，Zr，Cr）N 膜的常温摩擦系数曲线
（a） −50V；（b） −100V；（c） −150V；（d） −200V

从图6-1和图6-2中可以看出，薄膜的磨损过程有的直接进入了稳定磨损阶段，而有的则要经过磨合磨损阶段才能进入稳定磨损阶段，而且薄膜并没有出现剧烈的磨损阶段。在磨合阶段，薄膜的摩擦系数较低，随着磨损的进行，摩擦系数急剧增加，这与薄膜表面的液滴污染缺陷密切相关。(Ti,Al,Zr,Cr)N膜的平均常温摩擦系数约在0.3~0.5之间，随着沉积偏压的增加，其摩擦系数有所减小且波动减少，而且与高速钢基体上的薄膜相比，硬质合金基体上薄膜的摩擦系数略低。这是由于在较小的摩擦载荷条件下（970g），薄膜的显微硬度和膜/基结合力对其耐磨性起到了主导的作用。当薄膜的硬度和膜/基结合力稍低时（-50V和-100V的沉积偏压下），薄膜在摩擦力的作用下产生了大量的划痕沟槽、裂纹和剥落坑，见6.2.2节(Ti,Al,Zr,Cr)N膜的磨损表面形貌，这使得薄膜的表面粗糙度增加。同时，剥落的薄膜成为磨料加剧了薄膜表面的损伤，增大了其摩擦系数，而且其波动也较大。所以，薄膜较好的显微硬度和膜/基结合力提高了薄膜的抗磨粒磨损性能。

图6-3和图6-4是不同偏压下在高速钢和硬质合金基体上沉积的(Ti,Al,Zr,Cr)N膜，在高温（500℃）的环境中，其摩擦系数随磨损时间的变化曲线。从图6-3和图6-4中可以看出，薄

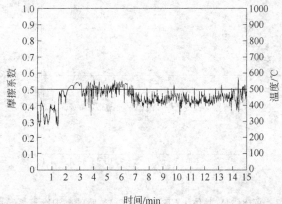

(a)

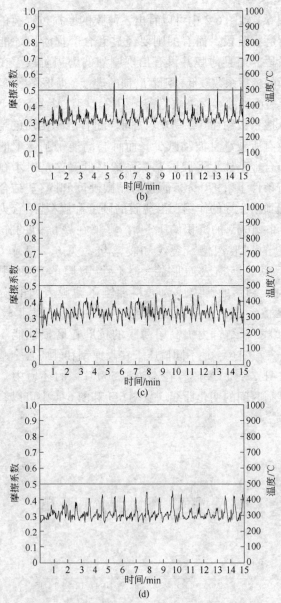

图 6-3　W18Cr4V 基体上 (Ti, Al, Zr, Cr) N 膜的高温摩擦系数曲线
(a) −50V; (b) −100V; (c) −150V; (d) −200V

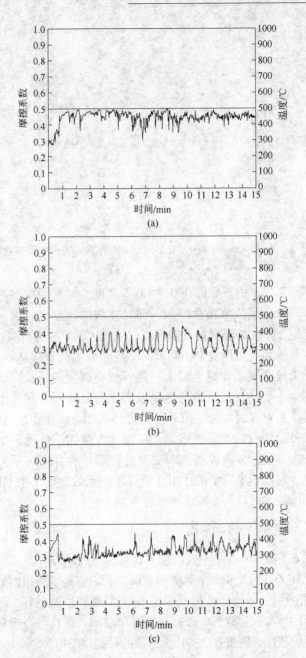

(a)

(b)

(c)

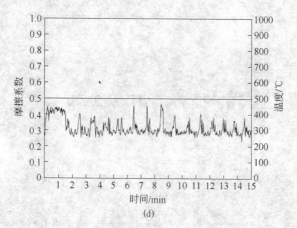

图 6-4　WC-8%Co 基体上(Ti,Al,Zr,Cr)N 膜的高温摩擦系数曲线

(a) −50V；(b) −100V；(c) −150V；(d) −200V

膜的平均高温摩擦系数约在 0.3~0.5 之间。与常温摩擦系数相比较，其摩擦系数值略微增加，而且曲线的波动也较大，这可能与高温下产生的温度场及摩擦副产生较大的热应力有关。

在常温和高温环境中，薄膜的摩擦系数曲线规律基本相同，即初始阶段摩擦系数波动较大；随着磨损时间的延长，摩擦系数逐渐趋于平稳。其原因是薄膜表面光滑且坚硬，在摩擦的初始阶段，它对表面粗糙度相对较大的对偶件表面起到犁削作用，两接触平面间的黏着磨损增加，从而导致摩擦系数逐渐增加且波动较大；随后，薄膜逐渐向对偶件表面转移并形成了稳定的转移膜，它起到了润滑的作用，致使摩擦系数逐渐平稳和减小，此时的摩擦系数即为持续态的摩擦系数。

6.2.2　薄膜磨损表面形貌

图 6-5 和图 6-6 是不同偏压下在高速钢和硬质合金基体上沉积(Ti,Al,Zr,Cr)N 膜的常温磨损表面形貌。它是以磨损面积作为评估耐磨性的参量，即破损面积越小时，其耐磨性就越好。随着沉积偏压的增加，其薄膜的破损程度有所减弱，而且与高速钢基体上的薄膜相比，硬质合金基体上薄膜的破损程度相对轻微。

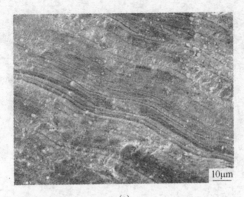

(a)

(b)

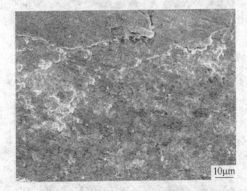

(c)

(d)

图 6-5　不同偏压下 W18Cr4V 基体上(Ti,Al,Zr,Cr)N 膜的常温磨损形貌
（a）–50V；（b）–100V；（c）–150V；（d）–200V

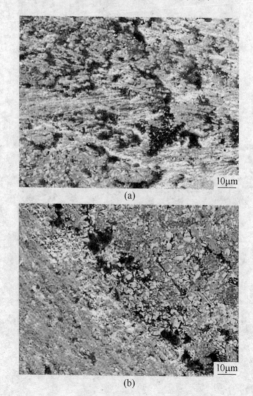

(a)

(b)

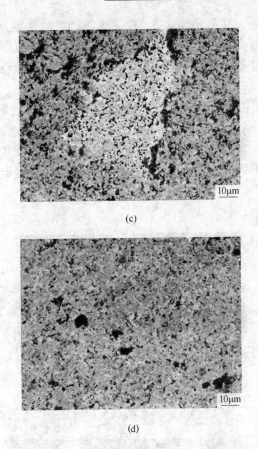

图 6-6 不同偏压下 WC-8%Co 基体上（Ti,Al,Zr,Cr）N 膜的常温磨损形貌
(a) -50V；(b) -100V；(c) -150V；(d) -200V

（Ti,Al,Zr,Cr）N 膜表面存在着沿摩擦方向的摩擦沟槽痕迹、裂纹和不规则的剥落坑。这是由于硬度很高的（Ti,Al,Zr,Cr）N 薄膜与硬质磨球 SiN 接触摩擦时，产生的摩擦力会导致薄膜产生的碎片被推挤黏附在沟槽附近，呈现严重的黏着和擦伤迹象。部分犁沟周围的材料隆起，产生了比较明显的塑性变形。由于表面反复的塑性变形，将出现接触疲劳裂纹。局部碎片剥落出现了剥落坑，剥落的碎片在后续的磨损过程中充当了

磨粒的作用，在高速转动下产生了连续的机械摩擦力，从而在表面产生了犁削。所以，（Ti,Al,Zr,Cr）N 薄膜的磨损机理应该是以发生塑性变形为特征的黏着磨损，并伴有脆性剥落的磨粒磨损。

图 6-7 和图 6-8 所示为不同偏压下在高速钢和硬质合金基体上沉积（Ti,Al,Zr,Cr）N 膜的高温磨损表面形貌。与常温磨损形貌相比较，其高温下磨损的裂纹和剥落现象略微严重，这是由于在高温下将产生较大的热应力，黏着磨损和磨粒磨损变得更为剧烈。

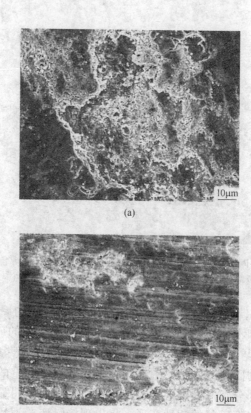

(a)

(b)

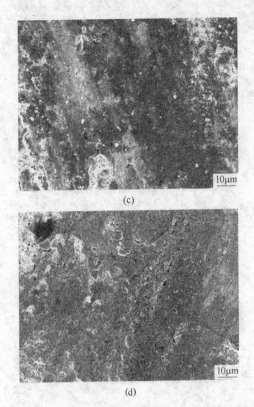

(c)

(d)

图 6-7 不同偏压下 W18Cr4V 基体上(Ti,Al,Zr,Cr)N 膜的高温磨损形貌

(a) −50V；(b) −100V；(c) −150V；(d) −200V

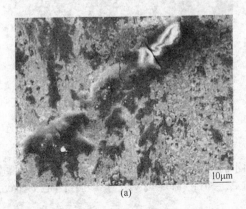

(a)

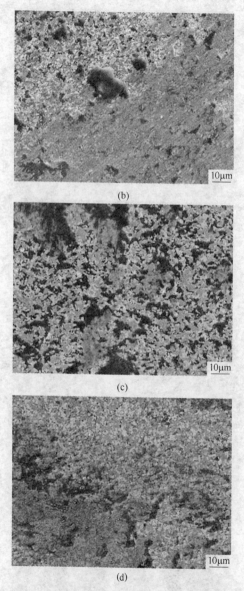

图 6-8   不同偏压下 WC-8% Co 基体上(Ti,Al,Zr,Cr)N 膜的高温磨损形貌
（a） -50V；（b） -100V；（c） -150V；（d） -200V

6.3 （Ti,Al,Zr,Cr）N 膜的高温氧化行为

6.3.1 薄膜短时高温氧化

6.3.1.1 氧化行为基本特征

高速钢和硬质合金基体及其（Ti,Al,Zr,Cr）N 膜分别在600~900℃下氧化4h 后，薄膜表面的色泽状态发生的变化，见表6-4和表6-5。可以看出，高速钢和硬质合金表面沉积（Ti,Al,Zr,Cr）N膜后，其色泽的变化比较缓慢而且均匀，它反映了镀膜后表面的氧化速率明显降低。在不同的温度下，由于氧化膜的相组成不同，所以其表面的光亮程度变化也不同（见 6.3.1.3 节氧化膜的相结构分析）。

表 6-4 W18Cr4V 基体及其（Ti,Al,Zr,Cr）N 膜表面状态的变化

氧化温度/℃	W18Cr4V 基体	W18Cr4V 基体上薄膜
600	浅灰色，无光泽	蓝紫色，光亮
700	灰色，无光泽	蓝紫色，光亮
800	深灰色，无光泽	灰紫色，光亮程度下降
900	深灰色，无光泽	灰色，无光泽

表 6-5 WC-8％Co 基体及其（Ti,Al,Zr,Cr）N 膜表面状态的变化

氧化温度/℃	WC-8％Co 基体	WC-8％Co 基体上薄膜
600	灰绿色，无光泽	蓝紫色，光亮
700	灰绿色，无光泽	紫绿色，光亮程度下降
800	绿色，无光泽	灰绿色，无光泽
900	黄绿色，无光泽	绿色，无光泽

高速钢和硬质合金基体及其（Ti, Al, Zr, Cr）N 膜在600~900℃下氧化4h 的增重曲线，如图6-9 和图6-10 所示。结果表明，高速钢表面沉积（Ti,Al,Zr,Cr）N 膜后，其抗高温氧化性能

得到了明显的改善；而硬质合金表面沉积(Ti,Al,Zr,Cr)N 膜后，其抗高温氧化性能仅得到了一定的改善，其氧化增重明显高于高速钢薄膜试样的增重。

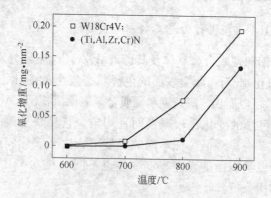

图 6-9　W18Cr4V 基体及其(Ti,Al,Zr,Cr)N 膜
在 600～900℃下氧化 4h 的增重曲线

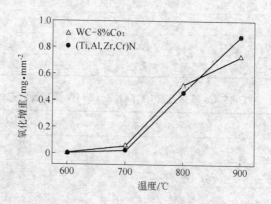

图 6-10　WC-8% Co 基体及其(Ti,Al,Zr,Cr)N 膜
在 600～900℃下氧化 4h 的增重曲线

对于高速钢基体及其薄膜试样，当温度为 600℃时，两者的氧化增重均可忽略不计；当温度达到 700℃时，高速钢试样略有

氧化增重，而薄膜试样仍无可见的氧化增重；当温度升至 800℃
时，高速钢试样的氧化增重明显增加，而薄膜试样仅有少许的
氧化增重；而当温度高达 900℃时，高速钢及其薄膜试样的氧化
增重都大幅度上升，而且在 800~900℃ 的区间范围内，薄膜试
样的曲线斜率反而大于高速钢试样的曲线斜率，这说明薄膜已
经失效。

对于硬质合金基体及其薄膜试样，当温度为 600℃时，两者
的氧化增重均不大；当温度达到 700℃时，两者的氧化增重有所
上升，但薄膜试样的抗氧化性能较好；而当温度升至 800℃时，
两者的氧化增重均明显上升，薄膜试样的氧化增重较大；而当
温度高达 900℃时，薄膜试样的增重反而高于其基体试样的增
重，薄膜已经完全失效。

图 6-9 和图 6-10 说明，高速钢和硬质合金表面沉积
（Ti,Al,Zr,Cr）N膜后，短时抗氧化的温度可分别提高到 800℃
和 700℃。

6.3.1.2　氧化膜表面形貌

图 6-11 所示为高速钢基体的（Ti,Al,Zr,Cr）N 膜在 700~
900℃下氧化 4h 后的表面形貌。从图 6-11 中可以看出，在
700~800℃时，薄膜的表面形貌变化仍不大，但液滴已经明
显的氧化；在 900℃时，薄膜的表面形貌变化很大，说明薄
膜已经完全氧化，氧化膜呈团簇分布的短针状形貌，见图
6-11（c），并有由应力引起的鼓泡和裂纹，见图 6-11（d），这
是由于随着氧化温度的升高，热应力的强烈作用会引起氧化
膜表面产生鼓泡，而且在热应力的持续作用下，鼓泡处由于
应力集中而产生裂纹。EDS 分析结果表明，除了 Ti、Al、
Zr、Cr、N 和 O 元素之外，氧化膜内还含有 Fe 和 C 元素，
这说明在 900℃氧化时，裂纹深至膜/基界面处，氧原子沿
裂纹向薄膜内部扩散至高速钢基体，导致氧化现象
严重。

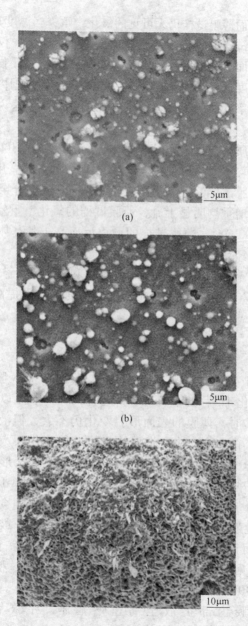

(a)

(b)

(c)

(d)

图 6-11　W18Cr4V 基体上（Ti,Al,Zr,Cr)N 膜
在 700~900℃下氧化 4h 后的表面形貌
(a) 700℃；(b) 800℃；(c)，(d) 900℃

图 6-12 所示为硬质合金基体的（Ti, Al, Zr, Cr）N 膜在
600~800℃下氧化 4h 后的表面形貌。从图 6-12 中可以看出，在
600~700℃时，局部位置出现了氧化痕迹；而 800℃时，大部分位
置发生了氧化现象。薄膜的氧化物呈现团簇状形貌，而且随着氧
化温度的升高，氧化物呈长大趋势。在 800℃下，氧化膜也产生了
许多鼓泡和裂纹。由 EDS 分析结果可知，氧化膜内含有 W、C 和
Co 等基体元素，这说明基体元素已向薄膜内部扩散。

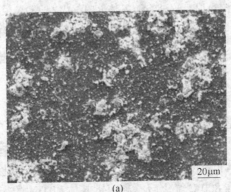

(a)

图 6-12　WC-8% Co 基体上 (Ti,Al,Zr,Cr) N 膜
在 600 ~ 800℃ 下氧化 4h 后的表面形貌
(a) 600℃; (b) 700℃; (c) 800℃

6.3.1.3　氧化膜相结构

高速钢基体的 (Ti,Al,Zr,Cr) N 膜在 700 ~ 900℃ 下氧化 4h 后
的 XRD 图谱，如图 6-13 所示。薄膜经 700℃ 氧化后，表面出现
了金红石结构的 TiO_2 氧化物峰，这说明此时的氧化膜已经有一
定的厚度；在 800℃ 氧化后，高速钢基体和 TiN 的衍射峰强度逐

渐变弱，而 TiO$_2$ 氧化物的衍射峰强度逐渐加强，这说明此时的氧化膜厚度在逐渐增加，根据氧化热力学条件，薄膜中的 Al 和 Cr 对氧具有较强的亲和力，它可在试样表面生成保护性的 Al$_2$O$_3$ 和 Cr$_2$O$_3$ 氧化膜，作为一层保护层，Al 和 Cr 元素的加入在一定程度上阻碍了氧在 TiN 中的扩散，从而减小了 TiO$_2$ 的氧化速率，提高了薄膜的抗氧化温度；当温度足够高达到 900℃时，试样表面只有基体氧化物 Fe$_2$O$_3$ 的衍射峰，这说明此时的氧化膜已经完全失效，氧化速率迅速增加。综合这些结果，在短时氧化条件下，与高速钢上 TiN 膜的抗氧化温度（600℃）相比，(Ti,Al,Zr,Cr)N 膜可以提高到 800℃。

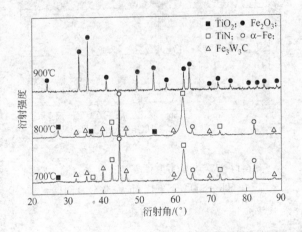

图 6-13　W18Cr4V 基体上(Ti,Al,Zr,Cr)N 膜
在 700~900℃下氧化 4h 后的 XRD 图谱

硬质合金基体的(Ti,Al,Zr,Cr)N 膜在 600~800℃下氧化 4h 后的 XRD 图谱，如图 6-14 所示，薄膜表面也形成了 TiO$_2$ 氧化膜。与硬质合金上 TiN 膜的抗氧化温度（550℃）相比，(Ti,Al,Zr,Cr)N膜的抗氧化温度可提高到 700℃。此外，试样表面还发现了基体氧化物 WO$_3$ 和 Co$_3$O$_4$ 的衍射峰。这是由于当面心立方结构的(Ti,Al,Zr,Cr)N 膜被氧化成 TiO$_2$ 氧化物后，随着

TiO_2 膜的生长，两者的热膨胀系数不同使得 TiO_2 氧化物产生了强烈的热应力并开裂，导致直接氧化基体而生成 WO_3 和 Co_3O_4。随着氧化温度的升高，TiN 和基体的衍射峰强度逐渐减弱甚至消失，而 TiO_2、WO_3 和 Co_3O_4 氧化物的衍射峰强度逐渐加强，到 800℃ 时 TiN 的 XRD 峰已经很弱，并且 800℃ 的衍射峰向大角度偏移。

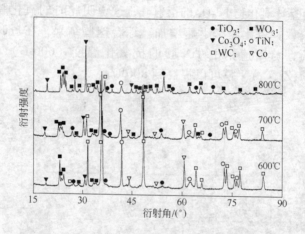

图 6-14　WC-8%Co 基体上 (Ti,Al,Zr,Cr)N 膜
在 600 ~ 800℃ 下氧化 4h 后的 XRD 图谱

6.3.2　薄膜长时高温循环氧化

6.3.2.1　氧化动力学曲线

鉴于上述对薄膜短期氧化的研究，于是进一步研究了高速钢及其薄膜在 700℃ 和 800℃，以及硬质合金及其薄膜在 600℃ 和 700℃ 长时（100h）循环氧化的动力学曲线。从图 6-15 和图 6-16 可以看出，高速钢和硬质合金试样的氧化增重均较大，表面沉积(Ti,Al,Zr,Cr)N 膜后，其氧化增重明显减小。

对于高速钢及其薄膜试样，在 700℃ 的氧化前期,薄膜试样的

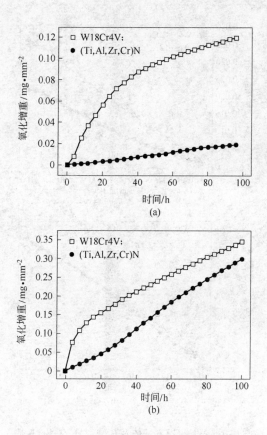

图 6-15 W18Cr4V 基体及其(Ti,Al,Zr,Cr)N 膜
在 700℃和 800℃下的氧化动力学曲线
(a) 700℃；(b) 800℃

增重持续地增长,直至约 80h 后,动力学曲线趋于平缓,进入稳态氧化阶段;而在 800℃氧化时,薄膜试样增重几乎成线性增加规律。

对于硬质合金及其薄膜试样,在 600℃氧化时,薄膜试样直至约 90h 后,试样进入稳态氧化阶段;而在 700℃氧化时,薄膜试样增重相对较大,直至约 70h 后,薄膜试样的增重几乎与其基体试样的增重相当,薄膜完全失效。

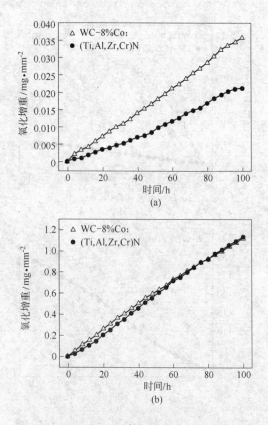

图 6-16　WC-8% Co 基体及其 (Ti,Al,Zr,Cr)N 膜
在 600℃和 700℃下的氧化动力学曲线

(a) 600℃; (b) 700℃

6.3.2.2　氧化膜表面形貌

从图 6-17 可以看出，高速钢上的薄膜试样在 700℃下氧化
100h 后，其表面形貌变化较小，仍可见白色的液滴污染，但是
液滴氧化的趋势比 4h 时更明显；而在 800℃下氧化 100h 后，其
表面形貌变化很大，薄膜已基本氧化，氧化膜呈团簇状形貌，
见图 6-17 (b)，并产生了大的鼓泡和裂纹，见图 6-17 (c)。

图 6-17　W18Cr4V 基体上(Ti,Al,Zr,Cr)N 膜
在 700℃和 800℃下氧化 100h 后的表面形貌
(a) 700℃；(b)，(c) 800℃

　　从图 6-18 可以看出，硬质合金上的薄膜试样在 600℃下氧

图 6-18　WC-8% Co 基体上 (Ti,Al,Zr,Cr)N 膜
在 600℃和 700℃下氧化 100h 后的表面形貌
(a) 600℃；(b)，(c) 700℃

化 100h 后，其表面的液滴迅速地氧化并呈团簇状形貌；而在 700℃ 下氧化 100h 后，薄膜已完全氧化，氧化膜也呈团簇状形貌，见图 6-18（b），而且有许多小的鼓泡和裂纹，见图 6-18（c）。

6.3.2.3 氧化膜相结构

高速钢和硬质合金上的 (Ti,Al,Zr,Cr)N 薄膜试样氧化 100h 后的 XRD 图谱，分别如图 6-19 和图 6-20 所示。

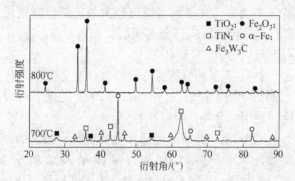

图 6-19 W18Cr4V 基体上 (Ti,Al,Zr,Cr)N 膜
在 700℃ 和 800℃ 下氧化 100h 后的 XRD 图谱

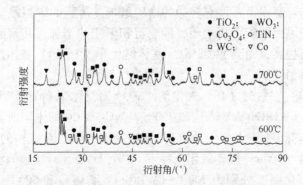

图 6-20 WC-8%Co 基体上 (Ti,Al,Zr,Cr)N 膜
在 600℃ 和 700℃ 下氧化 100h 后的 XRD 图谱

对于高速钢上的薄膜，在 700℃氧化 100h 后，试样表面仍有 TiO_2 峰，而且 TiN （220）峰向大角度偏移；而在 800℃氧化 100h 后，试样表面 TiO_2 峰已经消失，只有基体氧化物 Fe_2O_3 的衍射峰，而且衍射峰强度很强，这说明薄膜已经完全消失。

对于硬质合金上的薄膜，在 600℃氧化 100h 后，试样表面仍可见 TiN 和基体峰，其氧化物主要是 TiO_2，还有基体的氧化物 WO_3 和 Co_3O_4；而在 700℃氧化 100h 后，试样表面 TiN 和基体峰已经基本消失，这说明薄膜已经失效。所以，就长时循环氧化而言，高速钢和硬质合金表面沉积（Ti，Al，Zr，Cr）N 膜后的抗氧化温度分别为 700℃和 600℃。

通过 6.1 ~ 6.3 节的分析，可以得出以下主要的结论：

（1）当沉积偏压控制在 - 100 ~ - 200V 之间，可以获得更高的硬度、界面结合和耐磨损性能。

（2）（Ti，Al，Zr，Cr）N 多组元氮化物膜具有较高的硬度和膜/基结合力，W18Cr4V 基体上的薄膜最高值可分别达到 $3300HV_{0.01}$ 和 190N；而 WC-8% Co 基体上的薄膜最高值可分别达到 $3600HV_{0.01}$ 和 200N。

（3）（Ti，Al，Zr，Cr）N 膜在常温和高温条件下磨损时的平均摩擦系数在 0.3 ~ 0.5 之间；摩擦磨损均为以发生塑性变形为特征的黏着磨损，并伴有轻微的磨粒磨损。薄膜的摩擦系数曲线和磨损表面形貌分析表明，随着沉积偏压的增加，其耐磨损性能有所提高，而且 WC-8% Co 基体略优于 W18Cr4V 基体上薄膜的耐磨损性能。

（4）在短时（4h）氧化条件下，（Ti，Al，Zr，Cr）N 膜分别在 800℃ （W18Cr4V 基体）和 700℃ （WC-8% Co 基体）时具有良好的抗高温氧化性能，在 XRD 谱中观察到金红石结构的 TiO_2；在长时（100h）循环氧化条件下，（Ti，Al，Zr，Cr）N 膜的抗高温循环氧化温度分别为 700℃ （W18Cr4V 基体）和 600℃ （WC-8% Co 基体）。

7 (Ti,Al,Zr)N/(Ti,Al,Zr,Cr)N 多元双层膜的制备与微结构

7.1 (Ti,Al,Zr)N/(Ti,Al,Zr,Cr)N 膜制备

为了与(Ti,Al,Zr,Cr)N 多元单层膜的性能进行对比，以提供必要的、准确的参考数据，本实验利用多弧离子镀技术，在相同的设备上制备了以(Ti,Al,Zr)N 为中间层的(Ti,Al,Zr,Cr)N 薄膜，其中表层(Ti,Al,Zr,Cr)N 膜的沉积工艺与(Ti,Al,Zr,Cr)N 单层膜的沉积工艺相同。

(Ti,Al,Zr)N/(Ti,Al,Zr,Cr)N 薄膜的整个制备工艺流程为：试样镀膜前的检查→试样表面的水磨砂纸逐级打磨→试样表面的抛光→丙酮超声波清洗（两次）→乙醇超声波清洗（两次）→烘干→装炉→真空室抽至高真空→离子轰击清洗 10min→沉积 (Ti,Al,Zr)N 膜 30min→沉积(Ti,Al,Zr,Cr)N 膜 20min→真空冷却→出炉。

在沉积的过程中，仍固定了氮气分压为 $(2.5 \sim 3.0) \times 10^{-1}$ Pa，改变了沉积偏压分别为 $-50V$，$-100V$，$-150V$ 和 $-200V$，以观察其对薄膜的影响，并通过调整烘烤电流使真空炉内的温度为 $260 \sim 270℃$，传动轴电压为 35V。其具体的制备工艺参数见表 7-1。

表 7-1 (Ti,Al,Zr)N/(Ti,Al,Zr,Cr)N 双层膜的制备工艺参数

沉积过程	通入气体	气体分压[①]/Pa	偏压/V	TiAlZr 靶的弧电流/A	Cr 靶的弧电流/A	沉积温度/℃	沉积时间/min
离子轰击	N_2	$(2.5 \sim 3.0) \times 10^{-1}$	-350	70	40	$220 \sim 260$	10

沉积过程	通入气体	气体分压[①]/Pa	偏压/V	TiAlZr 靶的弧电流/A	Cr 靶的弧电流/A	沉积温度/℃	沉积时间/min
沉积(Ti,Al,Zr)N 膜	N_2	$(2.5 \sim 3.0) \times 10^{-1}$	-50, -100, -150, -200	70	—	260~270	30
沉积(Ti,Al,Zr,Cr)N 膜	N_2	$(2.5 \sim 3.0) \times 10^{-1}$	-50, -100, -150, -200	70	40	260~270	20

① 真空炉的背底真空度为 $1.3 \times 10^{-2} Pa$。

7.2　(Ti,Al,Zr)N/(Ti,Al,Zr,Cr)N 膜断口形貌

不同偏压下在高速钢和硬质合金基体上沉积的(Ti,Al,Zr)N/(Ti,Al,Zr,Cr)N 多元双层膜的断口形貌，如图 7-1 和图 7-2 所示。从图 7-1 和图 7-2 中可以看出，薄膜与基体结合紧密，组织致密均匀，无明显的微裂纹、针孔和分层等缺陷，而且薄膜仍是典型的柱状晶组织。SEM 下测定了不同的沉积偏压下沉积的两种基体上薄膜的厚度大约均为 1μm，每个薄膜的厚度都比较均匀。随着偏压的增大，薄膜的厚度仍然有所减小。

1μm

(a)

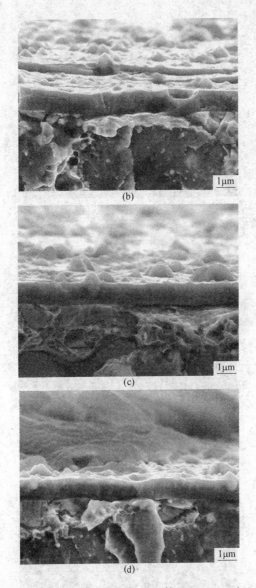

图 7-1 不同偏压下 W18Cr4V 基体上(Ti,Al,Zr)N/
(Ti,Al,Zr,Cr)N 多元双层膜的断口形貌

(a) -50V；(b) -100V；(c) -150V；(d) -200V

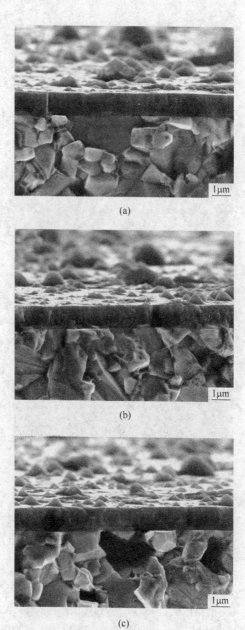

(a)

(b)

(c)

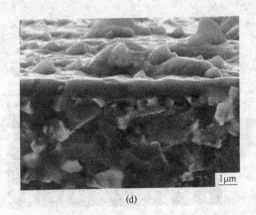

(d)

图 7-2 不同偏压下 WC-8% Co 基体上（Ti,Al,Zr）N/

（Ti,Al,Zr,Cr）N 多元双层膜的断口形貌

（a）－50V；（b）－100V；（c）－150V；（d）－200V

7.3 （Ti,Al,Zr）N/（Ti,Al,Zr,Cr）N 膜成分

7.3.1 薄膜断面成分

在 －150V 偏压下沉积的高速钢基体上（Ti,Al,Zr）N/（Ti,Al,
Zr,Cr）N 多元双层膜的断面 EDS 线分析结果，如图 7-3 所示。在
4 种偏压下沉积的高速钢和硬质合金基体上（Ti,Al,Zr）N/
（Ti,Al,Zr,Cr）N 薄膜的成分中，各元素含量的变化趋势与图 7-3
基本相同。从薄膜表面向基体内部进行扫描读谱，可以看出薄
膜的成分呈明显的双层结构。在薄膜的扫描距离约为 0.8~1μm
处，是双层薄膜的界面。同时，在薄膜的扫描距离约为 1~
2μm 之间时，Cr 元素的含量逐渐减少直至消失，可以判定薄
膜的中间层是（Ti,Al,Zr）N 膜。所以，所制备的薄膜是内层
富含（Ti,Al,Zr）N，外层富含（Ti,Al,Zr,Cr）N 的双层多组元
氮化物膜。

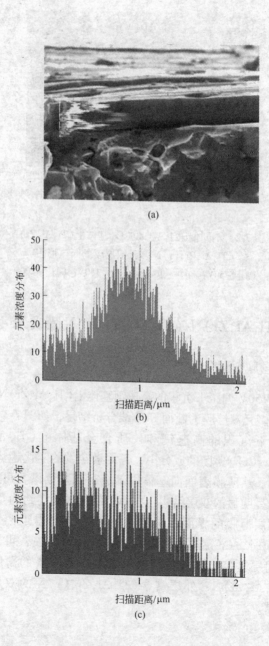

(a)

(b)

(c)

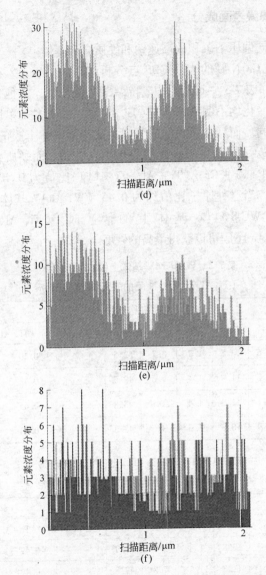

图 7-3 W18Cr4V 基体上(Ti,Al,Zr)N/(Ti,Al,Zr,Cr)N 膜的断面 EDS 线分析
(a) 扫描相貌图;(b) Cr 元素分布;(c) N 元素分布;
(d) Ti 元素分布;(e) Al 元素分布;(f) Zr 元素分布

7.3.2　薄膜表面成分

在不同偏压下沉积的高速钢和硬质合金基体上(Ti, Al, Zr) N/(Ti, Al, Zr, Cr) N 膜的表面 EDS 点分析结果，见表 7-2 和表 7-3。从表 7-2 和表 7-3 中可以看出，除 - 50V 偏压外，其他偏压下薄膜的成分变化均不明显，这与(Ti, Al, Zr, Cr) N 多元单层膜的规律基本相同。而且在薄膜的成分中，高速钢基体上膜的(Al + Zr + Cr)/(Ti + Al + Zr + Cr) 比值为 0.44 ~ 0.50，而硬质合金基体上膜的(Al + Zr + Cr)/(Ti + Al + Zr + Cr) 比值为 0.40 ~ 0.42。实验证明，当这种原子比值约为 0.45 （W18Cr4V 基体上的膜）和 0.40 （WC-8% Co 基体上的膜）时，(Ti, Al, Zr) N/(Ti, Al, Zr, Cr) N膜可以获得最高的硬度。

表 7-2　W18Cr4V 基体上(Ti, Al, Zr) N/(Ti, Al, Zr, Cr) N 膜的表面 EDS 点分析

偏压 /V	原子分数/%					
	Ti	Al	Zr	Cr	N	(Al + Zr + Cr)/(Ti + Al + Zr + Cr)
- 50	23.6	13.5	1.7	8.7	52.5	0.50
- 100	27.6	11.9	1.4	9.6	49.5	0.45
- 150	28.1	11.3	1.4	10.4	48.8	0.45
- 200	28.9	10.8	1.3	10.7	48.3	0.44

表 7-3　WC-8%Co 基体上(Ti, Al, Zr) N/(Ti, Al, Zr, Cr) N 膜的表面 EDS 点分析

偏压 /V	原子分数/%					
	Ti	Al	Zr	Cr	N	(Al + Zr + Cr)/(Ti + Al + Zr + Cr)
- 50	27.7	12.8	1.8	5.8	51.9	0.42
- 100	29.1	11.8	1.5	7.8	49.8	0.42
- 150	30.2	11.3	1.5	8.5	48.5	0.41
- 200	30.9	10.9	1.3	8.7	48.2	0.40

7.4 （Ti,Al,Zr）N/（Ti,Al,Zr,Cr）N 膜相结构

在 – 150V 的沉积偏压条件下，高速钢和硬质合金基体上沉积（Ti,Al,Zr）N/（Ti,Al,Zr,Cr）N 膜后的 XRD 图谱，如图 7-4 和图 7-5 所示。不同的沉积偏压对（Ti,Al,Zr）N/（Ti,Al,Zr,Cr）N 双层膜的图谱影响趋势与（Ti,Al,Zr,Cr）N 单层膜的图谱基本相同，而且它们与（Ti,Al,Zr,Cr）N 单层膜的结构也相同，仍是 TiN 的面心立方结构（NaCl 晶体结构）。

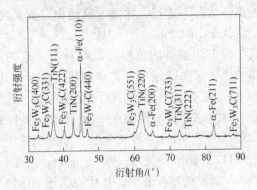

图 7-4 W18Cr4V 基体上（Ti,Al,Zr）N/
（Ti,Al,Zr,Cr）N 膜的 XRD 图谱

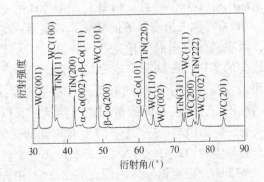

图 7-5 WC-8% Co 基体上（Ti,Al,Zr）N/
（Ti,Al,Zr,Cr）N 膜的 XRD 图谱

剔除高速钢和硬质合金基体相的 XRD 峰后，新增加的谱线仍是与标准 X 射线卡片上 TiN 的峰位一致。硬质合金基体镀膜后新增加的谱线主要是 TiN 的(111)峰和(200)峰，同时出现强度较低的(220)峰、(311)峰和(222)峰。高速钢基体镀膜后新增加的谱线的强峰主要是 TiN 的(111)峰、(200)峰和(220)峰，而(311)峰和(222)峰较弱。与(Ti,Al,Zr,Cr)N 单层膜的谱线比较，高速钢基体镀膜后新增加的 TiN(111) 峰的强度明显增强，同时 TiN (220)峰的强度仍很强，这可能是由于(Ti,Al,Zr)N 中间层的制备是在两个靶材的工作状态下进行，导致了高速钢表面温度升高速度下降，原子活性变小的缘故。

多弧离子镀方法制备的薄膜一般都具有一定的择优取向，人们对薄膜的择优取向曾做出了许多的研究，但得到的结果并不一致。根据文献报道，多弧离子镀获得的 TiN 薄膜是以(111) 晶面择优生长；TiN 薄膜的择优取向与沉积速率有关，当沉积速率较低时呈 (111) 择优生长，随着沉积速率的增大，择优取向由 (111) 晶面转变为 (200) 晶面；柳襄怀等用磁过滤电弧沉积 TiN 薄膜的结果表明，择优取向还与薄膜厚度有关，并提出了择优取向受基体偏压和膜厚的影响模型；还有研究结果表明，阴极过滤电弧沉积 TiN 薄膜的择优取向与偏压幅值密切相关，当偏压超过 $-90V$ 时以 (111) 晶面择优为主，而且当偏压高达 $-200V$ 时也未出现显著的变化，当采用更高能量的离子轰击时，薄膜择优取向的变化显著。所以，对于薄膜生长呈一定择优取向的原因，归纳起来主要与沉积速率、离化率、离子轰击作用及偏压的大小和形式有关。从本书实验结果表明，由于不同的沉积工艺对应不同的沉积离子能量，沉积离子能量对择优取向有一定的影响，进而影响了择优取向的变化。

硬质合金基体的(Ti,Al,Zr)N/(Ti,Al,Zr,Cr)N 双层膜的晶格常数为 0.432nm，高速钢基体的(Ti,Al,Zr)N/(Ti,Al,Zr,Cr)N 双层膜的晶格常数为 0.424nm（TiN 标准晶格常数 $a = 0.424nm$），所以硬质合金基体的薄膜内仍存在明显的宏观残余应力，它们与(Ti,Al,Zr,Cr)N 单层膜的情况相同。

通过 7.1 ~ 7.4 节的分析，可以得出以下主要的结论：

（1）采用多弧离子镀工艺，使用 Ti-Al-Zr 合金靶和 Cr 靶的组合方式，成功地制备了以(Ti,Al,Zr)N 为中间层，并具有 TiN 型面心立方结构的(Ti,Al,Zr,Cr)N 双层复合薄膜。

（2）(Ti,Al,Zr)N/(Ti,Al,Zr,Cr)N 双层膜的(Al + Zr + Cr)/(Ti + Al + Zr + Cr) 原子比值分别在 0.44 ~ 0.50 （W18Cr4V 基体）和 0.40 ~ 0.42 （WC-8% Co 基体）之间，当其比值分别约为 0.44 和 0.40 时，薄膜可以获得更高的硬度。

8 (Ti, Al, Zr) N/(Ti, Al, Zr, Cr) N 多元双层膜的性能

8.1 (Ti, Al, Zr) N/(Ti, Al, Zr, Cr) N 膜硬度和膜/基结合力

8.1.1 薄膜硬度

不同偏压下在高速钢和硬质合金基体上沉积的(Ti, Al, Zr) N/(Ti, Al, Zr, Cr) N 膜的显微硬度,见表 8-1。它们明显高于(Ti, Al, Zr, Cr) N 单层膜的硬度,这主要是由于双层薄膜界面效应强化的结果。对于双层的界面效应,薄膜的界面含量比单层膜有所增加,界面能也比单层膜有所增加。所以,双层间的界面会对位错的运动进行阻碍,使其运动被钉扎或发生偏析,位错的运动和扩展受到了有效的抑制,最终使材料得到了一定程度的强化。

表 8-1 不同偏压下沉积(Ti, Al, Zr) N/(Ti, Al, Zr, Cr) N 膜的显微硬度

偏压/V	显微硬度 ($HV_{0.01}$)	
	W18Cr4V 基体	WC-8% Co 基体
-50	2900 ± 100	3700 ± 100
-100	3200 ± 100	3700 ± 100
-150	3300 ± 100	3900 ± 100
-200	3450 ± 100	4000 ± 100

(Ti, Al, Zr) N/(Ti, Al, Zr, Cr) N 膜的晶粒尺寸仍可用 XRD 谱的半高宽(Scherrer 公式)进行估算。高速钢基体的(Ti, Al, Zr) N/(Ti, Al, Zr, Cr) N 膜根据 XRD 谱线的衍射强峰 TiN(220)计算, $\lambda = 0.154056nm$, $\theta = 30.991°$, $B = 0.03546nm$, 代入这些数据

计算得出，薄膜的平均晶粒尺寸约为 4.6nm；而硬质合金基体的（Ti,Al,Zr）N/（Ti,Al,Zr,Cr）N 膜根据衍射强峰 TiN（111）计算，$\lambda = 0.154056nm$，$\theta = 17.9895°$，$B = 0.01623nm$，代入这些数据计算得出，薄膜的平均晶粒尺寸约为 9.0nm。与 TiN（晶粒尺寸 13～16nm）相比，晶粒明显细化，显微硬度得以提高。但是，从计算出的两种基体上薄膜的晶粒尺寸的对比情况，可以看出薄膜的显微硬度与薄膜的晶粒尺寸之间的关系并不十分明显，并非晶粒尺寸越小，其显微硬度值就越高，这也说明了晶粒尺寸不是影响薄膜显微硬度的主要因素。

与（Ti,Al,Zr）N 单层膜相同，（Ti,Al,Zr）N/（Ti,Al,Zr,Cr）N 薄膜高硬度的主要原因仍与固溶强化有关。Al、Zr 和 Cr 是以置换的方式存在于复合薄膜的点阵中，它们由于与 Ti 的原子半径存在明显的差异而使晶格局部发生畸变，产生晶格应力，从而提高薄膜的硬度。同时，由于两种基体上薄膜的晶格常数的差异（见 7.4 节薄膜的相结构分析），导致了硬质合金基体高于高速钢基体的薄膜硬度。

（Ti,Al,Zr）N/（Ti,Al,Zr,Cr）N 膜的显微硬度随偏压的升高而增大，这是由于负偏压的提高增强了离子的轰击效果，导致了薄膜的晶粒细化和致密度的提高等，从而提高了薄膜的硬度。同时，当薄膜的（Al + Zr + Cr）/（Ti + Al + Zr + Cr）原子比值约为 0.44（W18Cr4V 基体）和 0.40（WC-8% Co 基体）时，可以获得更高的显微硬度。

8.1.2　膜/基结合力

在不同的沉积偏压下，（Ti,Al,Zr）N/（Ti,Al,Zr,Cr）N 膜与高速钢和硬质合金基体之间均有很好的界面结合力，测定结果见表 8-2。在沉积薄膜前，对高速钢和硬质合金基体进行了高能离子的轰击。轰击一方面可以清洗活化表面，对待镀试样继续进行加热，同时也可以造成表层区的高密度缺陷，如空位、间隙原子和位错等，加大了原子的扩散速度以有利于沉积原子与试样之间形成化学键结合，从而提高薄膜和基体之间的界面结合力。与(Ti, Al, Zr, Cr)N 单层膜相同，当偏压由 -50V 提高到 -100V 以上时，薄膜与两种基体之间的结合力都明显增加。同样，薄膜与硬质合金基体之间的界面结合力稍高于与高速钢基体之间的界面结合力。

表 8-2　不同偏压下沉积的(Ti, Al, Zr)N/(Ti, Al, Zr, Cr)N 膜与基体的界面结合力

偏压/V	结合力/N	
	W18Cr4V 基体	WC-8% Co 基体
-50	140 ~ 150	170 ~ 180
-100	170 ~ 180	>200
-150	170 ~ 180	>200
-200	180 ~ 190	>200

与(Ti, Al, Zr, Cr)N 单层膜相比较，双层结构不仅能提高薄膜的硬度，同时也能提高其韧性。(Ti, Al, Zr)N/(Ti, Al, Zr, Cr)N 膜由于界面的增加，缓解了薄膜在沉积过程中形成的残余应力，并使薄膜的抗裂纹扩展能力增强。同时，(Ti, Al, Zr)N 中间层在一定程度上减小了(Ti, Al, Zr, Cr)N 多组元氮化物膜与基体因热膨胀系数的差异而产生的热应力，也减小了(Ti, Al, Zr, Cr)N 膜与基体之间由于硬度过大的差异而影响膜/基结合力。而且，薄膜表层与中间层的结构相同，晶格常数也比较接近，这可以避免由于不同成分和结构的多层间不匹配而带来的不利影响，减缓了薄膜界面结合处的应力梯度。所以，(Ti, Al, Zr)N 中间层能提高(Ti, Al, Zr, Cr)N 薄膜与基体间的结合强度。

8.2　(Ti, Al, Zr)N/(Ti, Al, Zr, Cr)N 膜耐磨性

8.2.1　薄膜摩擦系数曲线

图 8-1、图 8-2 和图 8-3、图 8-4 分别是在常温（15℃）和高温（500℃）的环境下，(Ti, Al, Zr)N/(Ti, Al, Zr, Cr)N 膜的摩擦系数随磨损时间的变化曲线。

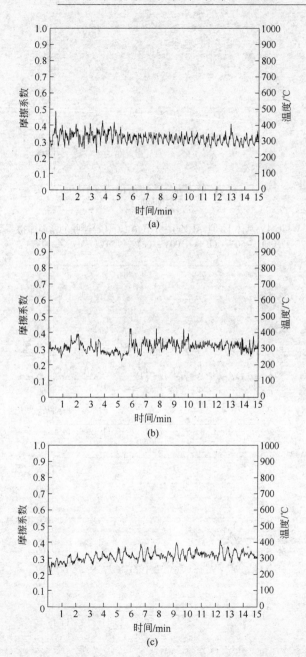

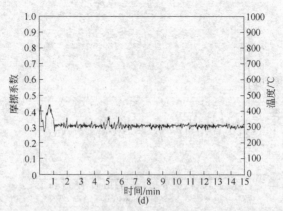

图 8-1　W18Cr4V 基体上（Ti，Al，Zr）N／（Ti，Al，Zr，Cr）N 膜的常温摩擦系数曲线

　　（a）－50V；（b）－100V；（c）－150V；（d）－200V

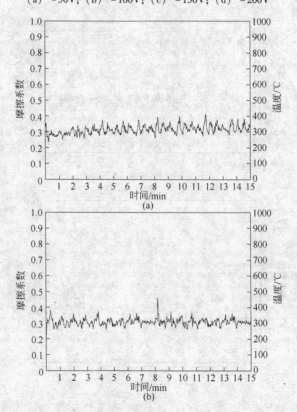

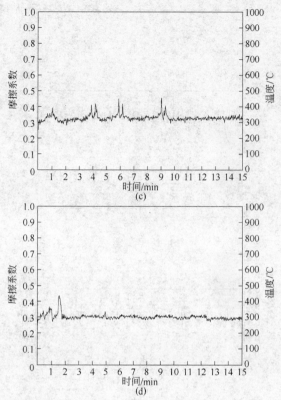

图 8-2 WC-8%Co 基体上(Ti,Al,Zr)N/(Ti,Al,Zr,Cr)N 膜的常温摩擦系数曲线
(a) -50V; (b) -100V; (c) -150V; (d) -200V

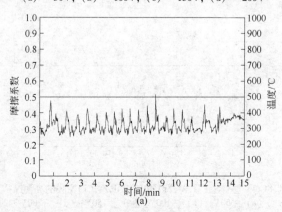

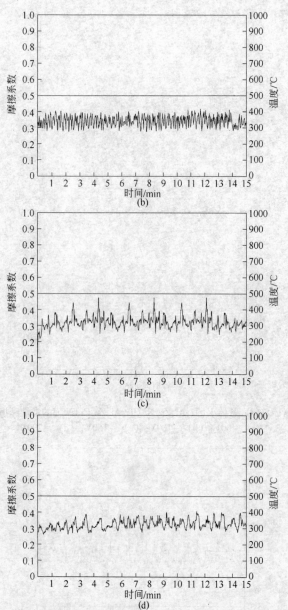

图 8-3　W18Cr4V 基体上(Ti,Al,Zr)N/(Ti,Al,Zr,Cr)N 膜的高温摩擦系数曲线
(a) −50V；(b) −100V；(c) −150V；(d) −200V

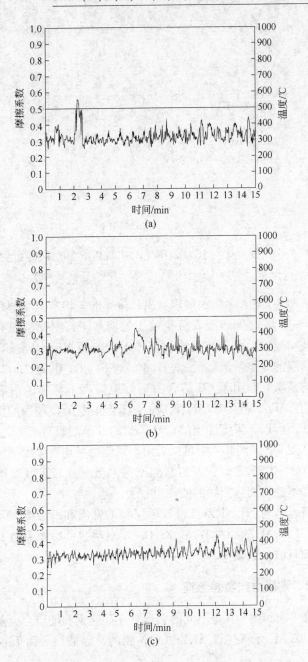

(a)

(b)

(c)

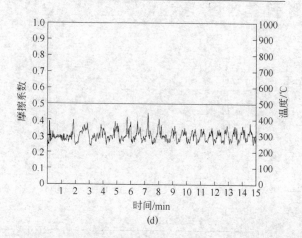

(d)

图8-4 WC-8%Co 基体上(Ti,Al,Zr)N/(Ti,Al,Zr,Cr)N 膜的高温摩擦系数曲线
(a) −50V；(b) −100V；(c) −150V；(d) −200V

从图 8-1 和图 8-2 中可以看出，薄膜的平均常温摩擦系数约在 0.3～0.35 之间，随着沉积偏压的增加，其摩擦系数有所减小且波动减少，而且与高速钢基体上的薄膜相比，硬质合金基体上薄膜的摩擦系数略低。(Ti,Al,Zr)N/(Ti,Al,Zr,Cr)N 薄膜优良的显微硬度和膜/基结合力更好地提高了薄膜的耐磨损性能。(Ti,Al,Zr)N/(Ti,Al,Zr,Cr)N 双层膜属于硬/硬膜的沉积组合方式，所以其耐磨性比(Ti,Al,Zr,Cr)N 单层膜有所提高。

从图 8-3 和图 8-4 中可以看出，薄膜的平均高温摩擦系数也约在 0.3～0.35 之间，但与常温摩擦系数相比较，其摩擦系数值略微增加，而且曲线的波动也较大。

所以，与(Ti,Al,Zr,Cr)N 单层膜的常温和高温摩擦系数相比较，(Ti,Al,Zr)N/(Ti,Al,Zr,Cr)N 双层膜的摩擦系数有所减小，而且波动也减少。

8.2.2 薄膜磨损表面形貌

图 8-5 和图 8-6 是不同的偏压下在高速钢和硬质合金基体上沉积(Ti,Al,Zr)N/(Ti,Al,Zr,Cr)N 膜的常温磨损表面形貌。从

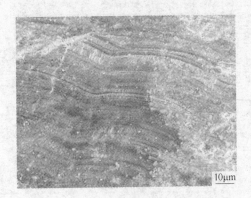

(a)

(b)

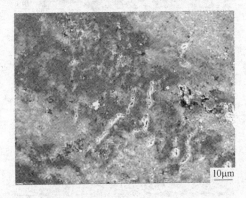

(c)

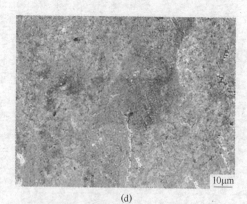

(d)

图 8-5　不同偏压下 W18Cr4V 基体上 (Ti, Al, Zr) N/(Ti, Al, Zr, Cr) N
膜的常温磨损形貌

(a) −50V; (b) −100V; (c) −150V; (d) −200V

(a)

(b)

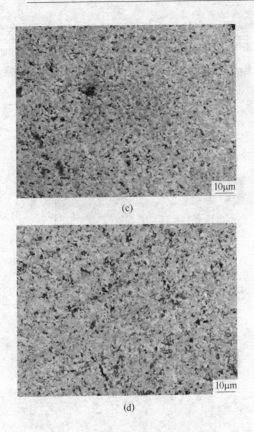

图 8-6 不同偏压下 WC-8%Co 基体上(Ti,Al,Zr)N/(Ti,Al,Zr,Cr)N
膜的常温磨损形貌
(a) -50V；(b) -100V；(c) -150V；(d) -200V

图 8-5 和图 8-6 中可以看出，随着沉积偏压的增加，其薄膜的破损程度有所减弱，而且硬质合金基体比高速钢基体上薄膜的破损程度较轻微。除了 -200V 偏压下高速钢基体的薄膜及 -150V、-200V 偏压下硬质合金基体的薄膜以外，其他偏压下的薄膜表面都存在着沿摩擦方向的摩擦沟槽痕迹、裂纹和不规则的剥落坑，它们的磨损机理仍是以黏着磨损为主，伴有脆性剥落的磨粒磨损。

图 8-7 和图 8-8 是不同偏压下在高速钢和硬质合金基体上沉积 (Ti, Al, Zr) N / (Ti, Al, Zr, Cr) N 膜的高温磨损表面形貌。在所有的沉积偏压下，两种基体上的薄膜都存在着摩擦沟槽痕迹、

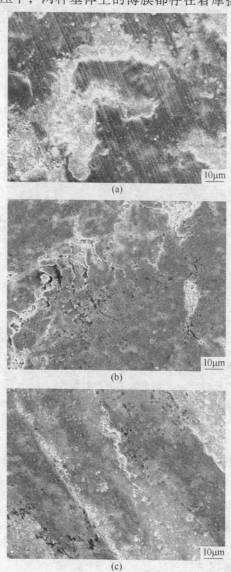

(a)

(b)

(c)

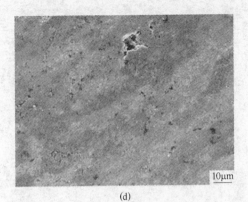

(d)

图 8-7　不同偏压下 W18Cr4V 基体上(Ti,Al,Zr)N/(Ti,Al,Zr,Cr)N
膜的高温磨损形貌
(a) -50V；(b) -100V；(c) -150V；(d) -200V

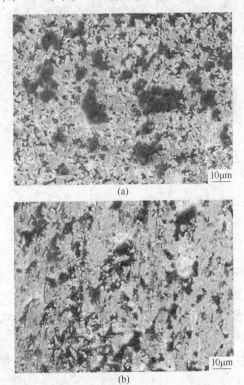

(a)

(b)

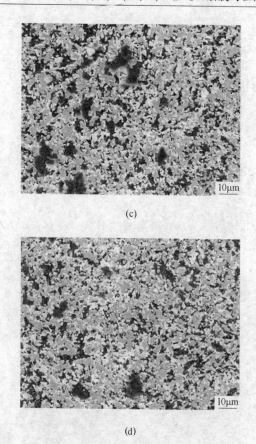

(c)

(d)

图 8-8 不同偏压下 WC-8% Co 基体上 (Ti, Al, Zr) N╱(Ti, Al, Zr, Cr) N
膜的高温磨损形貌

(a) −50V; (b) −100V; (c) −150V; (d) −200V

裂纹和剥落坑。与常温磨损形貌相比较，高温磨损的破损面积
略微严重，黏着磨损和磨粒磨损变得更为剧烈。

由于薄膜的双层界面在一定程度上能使裂纹分叉和偏
析，并阻止裂纹的扩展，所以与 (Ti, Al, Zr, Cr) N 单层膜相比
较，(Ti, Al, Zr) N╱(Ti, Al, Zr, Cr) N 双层膜的磨损形貌有所
改善。

8.3 (Ti, Al, Zr) N/(Ti, Al, Zr, Cr) N 膜的高温氧化行为

8.3.1 薄膜短时高温氧化

8.3.1.1 氧化行为基本特征

高速钢和硬质合金基体上的(Ti, Al, Zr) N/(Ti, Al, Zr, Cr) N 膜分别在 600~900℃下氧化 4h 后, 表面的色泽状态发生了的变化见表 8-3。与(Ti, Al, Zr, Cr) N 单层膜相比较, 高速钢和硬质合金表面沉积(Ti, Al, Zr) N/(Ti, Al, Zr, Cr) N 膜后的色泽变化更缓慢, 其表面的氧化速率显著降低。

表 8-3 (Ti,Al,Zr) N/(Ti, Al, Zr, Cr) N 膜的表面状态变化

氧化温度/℃	W18Cr4V 基体上薄膜	WC-8% Co 基体上薄膜
600	蓝紫色, 光亮	蓝紫色, 光亮
700	蓝紫色, 光亮	蓝紫色, 光亮程度下降
800	蓝紫色, 光亮程度下降	紫绿色, 光亮程度下降
900	灰色, 无光泽	灰绿色, 无光泽

高速钢和硬质合金基体及其(Ti, Al, Zr, Cr) N 和 (Ti, Al, Zr) N/(Ti, Al, Zr, Cr) N 薄膜在 600~900℃下氧化 4h 的增重曲线, 如图 8-9 和图 8-10 所示。高速钢和硬质合金表面沉积(Ti, Al, Zr) N/(Ti, Al, Zr, Cr) N 双层膜后, 其氧化增重均低于(Ti, Al, Zr, Cr) N 单层膜, 抗高温氧化性能得到了更明显的改善。与(Ti, Al, Zr, Cr) N 单层膜相同, 高速钢薄膜试样仍是明显低于硬质合金薄膜试样的增重。

对于高速钢上的(Ti, Al, Zr) N/(Ti, Al, Zr, Cr) N 薄膜试样, 当温度为 600~800℃时, 其氧化增重可忽略不计; 而当温度高达 900℃时, 其氧化增重大幅度上升, 而且在 800~900℃的区间范围内, 它与高速钢基体试样的曲线斜率基本相同, 这说明薄膜已经失效。

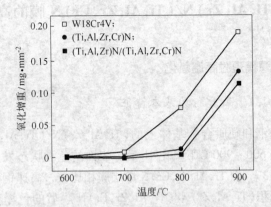

图 8-9   W18Cr4V 基体及其(Ti,Al,Zr,Cr)N 和(Ti,Al,Zr)N/
(Ti,Al,Zr,Cr)N 膜在 600～900℃下氧化 4h 的增重曲线

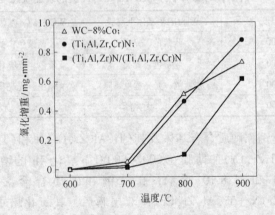

图 8-10   WC-8%Co 基体及其(Ti,Al,Zr,Cr)N 和(Ti,Al,Zr)N/
(Ti,Al,Zr,Cr)N 膜在 600～900℃下氧化 4h 的增重曲线

对于硬质合金上的(Ti,Al,Zr)N/(Ti,Al,Zr,Cr)N 薄膜试样，当温度为 600～700℃时，仍无可见的氧化增重；当温度达到 800℃时，其氧化增重有所上升，但其氧化增重明显低于 (Ti,Al,Zr,Cr)N 单层膜试样的氧化增重；而当温度高达 900℃时，其增重大幅度增加，薄膜已基本失效。

图 8-9 和图 8-10 说明，高速钢和硬质合金表面沉积(Ti,Al,
Zr)N/(Ti,Al,Zr,Cr)N 膜后，短时抗氧化的温度仍分别为 800℃
和 700℃。

8.3.1.2 氧化膜表面形貌

图 8-11 所示为高速钢基体的(Ti,Al,Zr)N/(Ti,Al,Zr,Cr)N
膜在 700~900℃下氧化 4h 后的表面形貌。在 700~800℃时，薄
膜的表面形貌变化不大，但液滴有明显的氧化趋势；在 900℃
时，薄膜的表面形貌变化很大，氧化膜呈团簇状形貌，见图
8-11(c)，并有由应力引起的小鼓泡和裂纹，见图 8-11(d)，薄

(a)

(b)

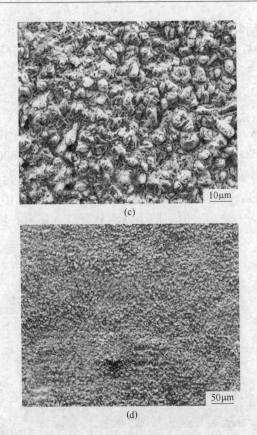

图 8-11　W18Cr4V 基体上 (Ti,Al,Zr)N/(Ti,Al,Zr,Cr)N 膜
在 700~900℃氧化 4h 的表面形貌
(a) 700℃；(b) 800℃；(c)，(d) 900℃

膜已经完全氧化。EDS 分析结果表明，氧化膜内含有 Fe 和 C 元
素，这说明基体元素已开始向薄膜内部扩散。

　　硬质合金基体的 (Ti,Al,Zr)N/(Ti,Al,Zr,Cr)N 膜在 600~
800℃下氧化 4h 后的表面形貌，如图 8-12 所示。在 600℃时，薄
膜的表面形貌几乎没有变化；在 700℃时，部分液滴出现了明显
的氧化痕迹；而在 800℃时，大部分的液滴发生了明显的氧化现
象，氧化物也呈现团簇状形貌。

图 8-12 WC-8% Co 基体上(Ti,Al,Zr)N/(Ti,Al,Zr,Cr)N 膜
在 600~800℃氧化 4h 的表面形貌
(a) 600℃；(b) 700℃；(c) 800℃

8.3.1.3　氧化膜相结构

高速钢基体的（Ti, Al, Zr）N/（Ti, Al, Zr, Cr）N 膜在 700 ~ 900℃下氧化 4h 后的 XRD 图谱，如图 8-13 所示。薄膜经 700℃氧化后，表面出现了 TiO_2 氧化物峰，此时的氧化膜开始形成；在 800℃氧化后，高速钢基体和 TiN 的衍射峰强度逐渐变弱并窄化，而 TiO_2 氧化物的衍射峰强度逐渐加强，此时的氧化膜厚度在逐渐地增加；当温度足够高达到 900℃时，试样表面 TiO_2 氧化物的衍射峰完全消失，只有基体氧化物 Fe_2O_3 的衍射峰，此时的氧化膜已经完全失效。所以，在短时氧化条件下，（Ti, Al, Zr）N/（Ti, Al, Zr, Cr）N 膜的抗高温氧化温度可提高到 800℃。

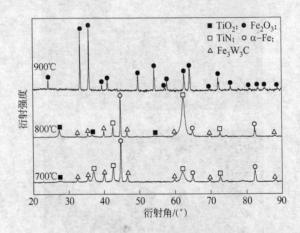

图 8-13　W18Cr4V 基体上（Ti, Al, Zr）N/（Ti, Al, Zr, Cr）N 膜
在 700 ~ 900℃氧化 4h 的 XRD 图谱

硬质合金基体的（Ti, Al, Zr）N/（Ti, Al, Zr, Cr）N 膜在 600 ~ 800℃下氧化 4h 后的 XRD 图谱，如图 8-14 所示。从图 8-14 中可以看出，（Ti, Al, Zr）N/（Ti, Al, Zr, Cr）N 膜的抗氧化温度可以提高到 700℃，薄膜表面也形成了 TiO_2 及基体的

氧化物 WO_3 和 Co_3O_4。随着氧化温度的升高，TiN 和基体的衍射峰强度逐渐减弱，而 TiO_2、WO_3 和 Co_3O_4 氧化物的衍射峰强度逐渐加强。与硬质合金上（Ti,Al,Zr,Cr）N 单层膜相比较，在不同温度下（尤其 800℃ 时），TiN 和基体 XRD 峰的减弱程度及 TiO_2、WO_3 和 Co_3O_4 氧化物 XRD 峰的增强程度均减小。

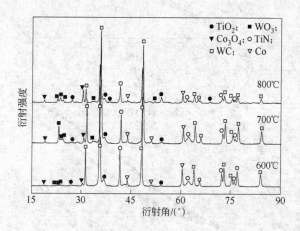

图 8-14　WC-8% Co 基体上（Ti,Al,Zr）N∕（Ti,Al,Zr,Cr）N 膜
在 600~800℃氧化 4h 的 XRD 图谱

8.3.2　薄膜长时高温循环氧化

8.3.2.1　氧化动力学曲线

鉴于上述对（Ti,Al,Zr）N∕（Ti,Al,Zr,Cr）N 薄膜短期氧化的研究，于是进一步研究了高速钢基体的薄膜在 700℃ 和 800℃，以及硬质合金基体的薄膜在 600℃ 和 700℃ 的长时（100h）循环氧化的动力学曲线。从图 8-15 和图 8-16 中可以看出，（Ti,Al,Zr）N∕（Ti,Al,Zr,Cr）N 多元双层膜比（Ti,Al,Zr）N 多元单层膜的氧化增重明显减小。

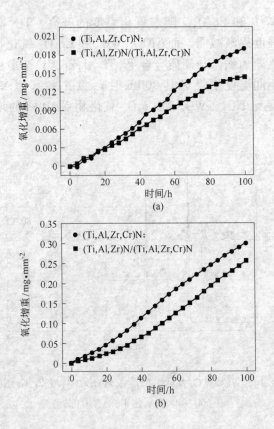

图 8-15   W18Cr4V 基体上(Ti,Al,Zr,Cr)N 和(Ti,Al,Zr)N/
(Ti,Al,Zr,Cr)N 膜在 700℃和 800℃的氧化动力学曲线
(a) 700℃；(b) 800℃

对于高速钢基体的(Ti,Al,Zr)N/(Ti,Al,Zr,Cr)N 薄膜试样，
在 700℃的氧化前期，薄膜试样的增重持续地增长，直至约 80h
后，动力学曲线趋于平缓，试样进入稳态氧化阶段；而在 800℃
氧化时，其增重几乎成线性增加规律。

对于硬质合金基体的(Ti,Al,Zr)N/(Ti,Al,Zr,Cr)N 薄膜试
样，在 600℃氧化时，薄膜试样直至约 90h 后，试样进入稳态氧
化阶段，但其与（Ti，Al，Zr）N 单层膜的抗高温循环氧化性能

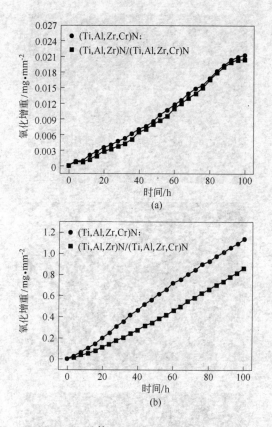

图 8-16 WC-8％Co 基体上（Ti，Al，Zr，Cr）N 和（Ti，Al，Zr）N／
（Ti，Al，Zr，Cr）N 膜在 600℃和 700℃的氧化动力学曲线
（a）600℃；（b）700℃

比较，改善却较少；而在 700℃氧化时，薄膜试样增重相对较
大，其增重成线性增加规律。

8.3.2.2 氧化膜表面形貌

高速钢上的（Ti，Al，Zr）N／（Ti，Al，Zr，Cr）N 薄膜试样在
700℃下氧化 100h 后，其表面形貌变化较小，表面白色液滴的
氧化趋势比 4h 时略微明显，见图 8-17（a）；而在 800℃下氧化

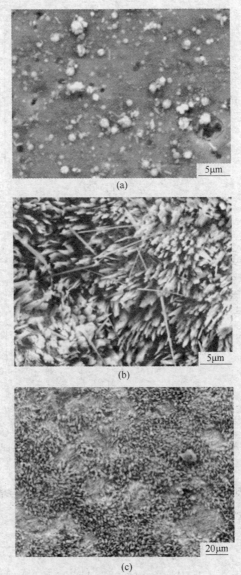

图 8-17　W18Cr4V 基体上 (Ti,Al,Zr)N/(Ti,Al,Zr,Cr)N 膜
在 700℃ 和 800℃ 氧化 100h 的表面形貌
(a) 700℃；(b)，(c) 800℃

100h 后，其表面形貌变化很大，从 SEM 图片可以看出薄膜已经基本氧化，氧化膜呈短针状形貌，见图 8-17(b)，而且表面产生了许多小的鼓泡，见图 8-17(c)。

　　硬质合金上的（Ti, Al, Zr）N/（Ti, Al, Zr, Cr）N 薄膜试样在 600℃下氧化 100h 后，其表面的液滴明显地氧化并呈团簇状形貌分布，见图 8-18(a)；而在 700℃下氧化 100h 后，氧化膜也呈团簇状形貌分布，见图 8-18(b)，薄膜表面的液滴继续氧化，见图 8-18(c)。

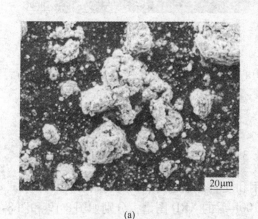

20μm

(a)

5μm

(b)

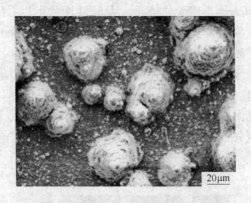

(c)

图 8-18　WC-8% Co 基体上(Ti,Al,Zr)N/(Ti,Al,Zr,Cr)N 膜
在 600℃和 700℃氧化 100h 的表面形貌
(a) 600℃；(b)，(c) 700℃

8.3.2.3　氧化膜相结构

高速钢和硬质合金上的(Ti,Al,Zr)N/(Ti,Al,Zr,Cr)N 薄膜
试样氧化 100h 后的 XRD 图谱，分别如图 8-19 和图 8-20 所示。

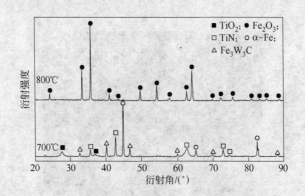

图 8-19　W18Cr4V 基体上(Ti,Al,Zr)N/(Ti,Al,Zr,Cr)N 膜
在 700℃和 800℃氧化 100h 的 XRD 图谱

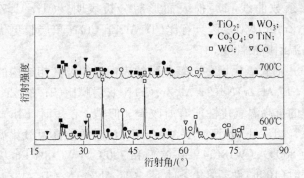

图 8-20 WC-8% Co 基体上 (Ti,Al,Zr)N/(Ti,Al,Zr,Cr)N 膜
在 600℃和 700℃氧化 100h 的 XRD 图谱

对于高速钢上的薄膜试样，在 700℃氧化 100h 后，试样表面开始出现了 TiO₂ 峰；而在 800℃氧化 100h 后，试样表面 TiO₂ 峰已经消失，只有基体氧化物 Fe₂O₃ 的衍射峰，而且衍射峰的强度很强，薄膜已经完全失效。

对于硬质合金上的薄膜试样，在 600℃氧化 100h 后，试样表面仍可见 TiN 和基体的衍射峰，还有 TiO₂ 及基体氧化物 WO₃ 和 Co₃O₄ 的衍射峰；而在 700℃氧化 100h 后，试样表面 TiN 和基体峰已经基本消失，薄膜已经失效。所以，就长时氧化而言，高速钢和硬质合金表面沉积 (Ti,Al,Zr)N/(Ti,Al,Zr,Cr)N 膜后的抗氧化温度分别为 700℃和 600℃。

通过 8.1~8.3 节的分析，可以得出以下主要的结论：

（1）（Ti,Al,Zr)N/(Ti,Al,Zr,Cr)N 双层膜具有比 (Ti,Al,Zr,Cr)N 单层膜更高的硬度和更强的膜/基结合力。对于 W18Cr4V 基体，(Ti,Al,Zr)N/(Ti,Al,Zr,Cr)N 膜的硬度和结合力最高值可分别达到 $3450HV_{0.01}$ 和 190N；而对于 WC-8% Co 基体，最高值可分别达到 $4000HV_{0.01}$ 和大于 200N。

（2）（Ti,Al,Zr)N/(Ti,Al,Zr,Cr)N 双层膜在常温和高温条件下磨损时的平均摩擦系数在 0.3~0.35 之间；摩擦磨损均为以发生塑性变形为主要特征的黏着磨损，并伴有磨粒磨损。薄膜摩擦系数曲线和磨损表面形貌分析表明，(Ti, Al, Zr) N/ (Ti, Al, Zr, Cr) N 双层膜具有比 (Ti, Al, Zr, Cr) N 单层膜更优的常温和高温耐磨损性能。

（3）薄膜氧化增重、氧化膜的表面形貌及其相结构的分析表明，(Ti, Al, Zr) N/(Ti, Al, Zr, Cr) N 双层膜比 (Ti, Al, Zr, Cr) N 单层膜的抗高温氧化性能有所改善。但是，在短时（4h）氧化条件下，(Ti, Al, Zr) N/(Ti, Al, Zr, Cr) N 膜的抗高温氧化温度仍分别为 800℃（W18Cr4V 基体）和 700℃（WC-8% Co 基体）；而在长时(100h)循环氧化条件下，(Ti, Al, Zr) N/(Ti, Al, Zr, Cr) N 膜的抗高温循环氧化温度也分别为 700℃（W18Cr4V 基体）和 600℃（WC-8% Co 基体）。

9 CrN/(Ti,Al,Zr,Cr)N 多元双层膜的制备与微结构

9.1 CrN/(Ti,Al,Zr,Cr)N 膜制备

为了与(Ti,Al,Zr,Cr)N 单层膜及(Ti,Al,Zr)N/(Ti,Al,Zr,Cr)N 双层的多组元氮化物膜的性能相比较，本实验同样利用多弧离子镀工艺，在相同的设备上制备了以 CrN 为中间层的(Ti,Al,Zr,Cr)N 多组元氮化物膜，其中表层(Ti,Al,Zr,Cr)N 膜的沉积工艺与(Ti,Al,Zr,Cr)N 单层膜及(Ti,Al,Zr)N/(Ti,Al,Zr,Cr)N 膜中表层(Ti,Al,Zr,Cr)N 膜的沉积工艺相同。

CrN/(Ti,Al,Zr,Cr)N 薄膜的整个工艺制备流程为：试样镀膜前的检查→试样表面的水磨砂纸逐级打磨→试样表面的抛光→丙酮超声波清洗(两次)→乙醇超声波清洗(两次)→烘干→装炉→真空室抽至高真空→离子轰击清洗 10min→沉积 CrN 膜40min→沉积(Ti,Al,Zr,Cr)N 膜 20min→真空冷却→出炉。

在沉积过程中，仍固定了氮气分压为$(2.5 \sim 3.0) \times 10^{-1}$ Pa，改变了沉积偏压分别为 $-50V$，$-100V$，$-150V$ 和 $-200V$，以观察其对薄膜的影响，并通过调整烘烤电流使真空炉内的温度为 $260 \sim 270$℃。在沉积 CrN 中间层时，由于仅一个 Cr 靶在工作，所以，对传动轴的电压适当地提高以提高其转速，这样可以提高所镀薄膜的表面均匀性。具体的制备工艺参数，见表 9-1。

表 9-1　CrN/(Ti,Al,Zr,Cr)N 双层膜的制备工艺参数

沉积过程	通入气体	气体分压[①]/Pa	偏压/V	TiAlZr 靶的弧电流/A	Cr 靶的弧电流/A	沉积温度/℃	传动轴电压/V	沉积时间/min
离子轰击	N_2	$(2.5 \sim 3.0) \times 10^{-1}$	-350	70	40	$220 \sim 260$	35	10

续表9-1

沉积过程	通入气体	气体分压①/Pa	偏压/V	TiAlZr 靶的弧电流/A	Cr 靶的弧电流/A	沉积温度/℃	传动轴电压/V	沉积时间/min
沉积 CrN 膜	N_2	$(2.5\sim3.0)\times10^{-1}$	$-50, -100, -150, -200$	—	70	260~270	45	40
沉积 (Ti,Al,Zr,Cr)N 膜	N_2	$(2.5\sim3.0)\times10^{-1}$	$-50, -100, -150, -200$	70	40	260~270	35	20

①真空炉的背底真空度为 1.3×10^{-2} Pa。

9.2　CrN/(Ti,Al,Zr,Cr)N 膜断口形貌

　　不同偏压下在高速钢和硬质合金基体上沉积的 CrN/(Ti,Al,Zr,Cr)N 多元双层膜的断口形貌，如图 9-1 和图 9-2 所示。从图 9-1 和图 9-2 中可以看出，薄膜与基体结合紧密，组织致密均匀，薄膜显示了明显的分层特征，而且每单层薄膜仍是典型生长的柱状晶组织。SEM 下测定了不同偏压条件下沉积的两种基体上薄膜的厚度大约为 $1\sim1.5\mu m$，每个薄膜的厚度都比较均匀。同时，随着沉积偏压的增大，薄膜的厚度仍有所减小。

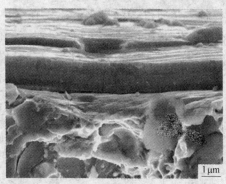

1 μm

(a)

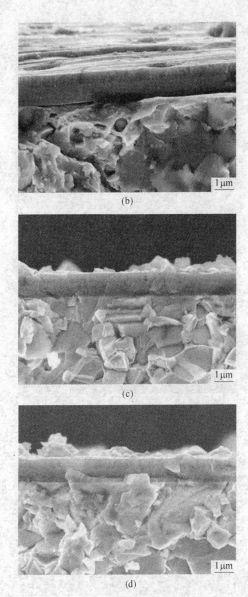

图 9-1 不同偏压下 W18Cr4V 基体上 CrN/(Ti,Al,Zr,Cr)N 膜的断口形貌

(a) -50V;(b) -100V;(c) -150V;(d) -200V

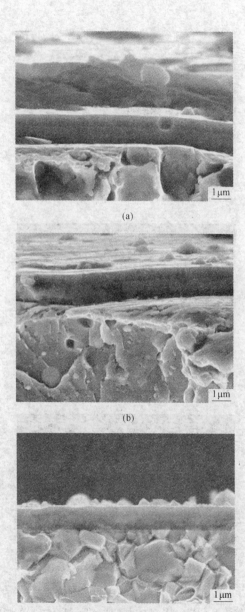

(a)

(b)

(c)

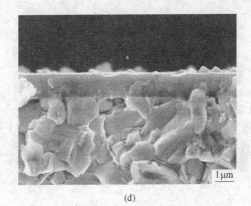

(d)

图 9-2 不同偏压下 WC-8% Co 基体的 CrN/(Ti,Al,Zr,Cr)N 膜的断口形貌
(a) -50V；(b) -100V；(c) -150V；(d) -200V

9.3 CrN/(Ti,Al,Zr,Cr)N 膜成分

9.3.1 薄膜断面成分

在 -150V 偏压下沉积的高速钢基体上 CrN/(Ti,Al,Zr,Cr)N 多元双层膜的断面 EDS 线分析结果，如图 9-3 所示。在所有偏压下沉积的高速钢和硬质合金基体上的 CrN/(Ti,Al,Zr,Cr)N 薄膜成分中，各元素含量的变化趋势与图 9-3 基本相同。从薄膜表

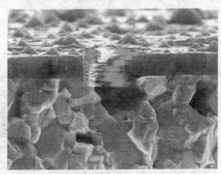

(a)

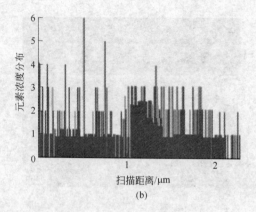

(b)

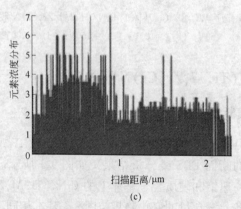

(c)

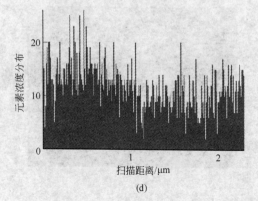

(d)

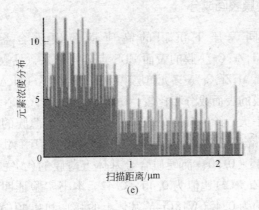

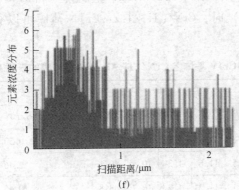

图 9-3 W18Cr4V 基体上 CrN/(Ti,Al,Zr,Cr)N 膜的断面 EDS 线分析
(a) 扫描相貌图; (b) Cr 元素分布; (c) N 元素分布;
(d) Ti 元素分布; (e) Al 元素分布; (f) Zr 元素分布

面向基体内部进行读谱, 可以看出薄膜的成分呈明显的双层分布。从薄膜表面开始观察, 薄膜的扫描距离约在 0.5~1.5μm 之间。在扫描距离约为 1~1.5μm 之间时, Ti、Al 和 Zr 元素的含量逐渐减少, 而 Cr 元素的含量逐渐增加。所以, 所制备的薄膜是内层富含 CrN, 外层富含(Ti,Al,Zr,Cr)N 的双层多组元氮化物膜。

9.3.2 薄膜表面成分

在不同偏压下沉积的高速钢和硬质合金基体上 CrN/(Ti,Al,Zr,Cr)N膜的表面 EDS 点分析结果，见表 9-2 和表 9-3。与(Ti,Al,Zr,Cr)N 多元单层膜及(Ti,Al,Zr)N/(Ti,Al,Zr,Cr)N 多元双层膜的表面成分相比较，CrN/(Ti,Al,Zr,Cr)N 膜的分析结果变化不大。除 –50V 偏压外，其他偏压下薄膜的成分变化均不明显，高速钢基体上薄膜的(Al + Zr + Cr)/(Ti + Al + Zr + Cr) 比值为 0.45 ~ 0.50，而硬质合金基体上薄膜的(Al + Zr + Cr)/(Ti + Al + Zr + Cr) 比值为 0.40 ~ 0.42。本书实验证明，当这种原子比值约为 0.45(W18Cr4V 基体上的膜) 和 0.40(WC-8% Co 基体上的膜) 时，CrN/(Ti,Al,Zr,Cr)N 薄膜可以获得最高的硬度。

表 9-2   W18Cr4V 基体上 CrN/(Ti,Al,Zr,Cr)N 膜的表面 EDS 点分析

偏压/V	原子分数/%					
	Ti	Al	Zr	Cr	N	(Al + Zr + Cr)/(Ti + Al + Zr + Cr)
– 50	23.8	11.6	1.4	10.8	52.4	0.50
– 100	27.5	11.6	1.3	10.5	49.1	0.46
– 150	28.1	11.2	1.2	10.7	48.8	0.45
– 200	28.5	10.8	1.2	11.4	48.1	0.45

表 9-3   WC-8% Co 基体上 CrN/(Ti,Al,Zr,Cr)N 膜表面 EDS 点分析

偏压/V	原子分数/%					
	Ti	Al	Zr	Cr	N	(Al + Zr + Cr)/(Ti + Al + Zr + Cr)
– 50	27.1	11.1	1.5	7.4	52.9	0.42
– 100	29	11.1	1.3	8.6	50	0.42
– 150	29.5	11	1.2	8.6	49.7	0.41
– 200	30.2	10.6	1.2	8.7	49.4	0.40

9.4 CrN/(Ti,Al,Zr,Cr)N 膜相结构

在 -150V 偏压下, 高速钢和硬质合金基体上沉积 CrN/(Ti,Al,Zr,Cr)N膜后的 XRD 图谱, 如图 9-4 和图 9-5 所示。不同的沉积偏压对 CrN/(Ti,Al,Zr,Cr)N 双层膜的 XRD 图谱影响趋势与(Ti,Al,Zr,Cr)N 单层膜的情况基本相同。而且, 它们与 (Ti,Al,Zr,Cr)N 和(Ti,Al,Zr)N/(Ti,Al,Zr,Cr)N 薄膜的结构也相同, 仍是 TiN 型结构的氮化物复合膜。

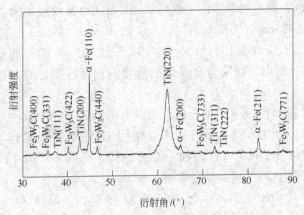

图 9-4 W18Cr4V 基体上 CrN/(Ti,Al,Zr,Cr)N 膜的 XRD 图谱

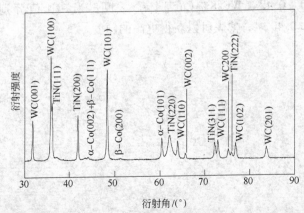

图 9-5 WC-8%Co 基体上 CrN/(Ti,Al,Zr,Cr)N 膜的 XRD 图谱

　　剔除高速钢和硬质合金基体相的 XRD 峰后，新增加的谱线与标准 X 射线卡片上 TiN 的峰位一致。硬质合金基体镀膜后新增加的谱线主要是 TiN 的(111)峰和(200)峰，还有强度较低的(220)峰、(311)峰和(222)峰。高速钢基体镀膜后新增加的谱线的强峰主要是 TiN 的(111)峰、(200)峰和(220)峰，而(311)峰和(222)峰较弱，它们与(Ti, Al, Zr)N/(Ti, Al, Zr, Cr)N 双层膜的峰位及峰强基本相同。

　　硬质合金基体的 CrN/(Ti, Al, Zr, Cr)N 双层膜的晶格常数为 0.432nm，高速钢基体的 CrN/(Ti, Al, Zr, Cr)N 双层膜的晶格常数为 0.424nm（TiN 标准晶格常数 $a = 0.424$nm），它们与(Ti, Al, Zr, Cr)N 和(Ti, Al, Zr)N/(Ti, Al, Zr, Cr)N 薄膜的晶格常数相同。所以，硬质合金基体的薄膜内仍存在明显的宏观残余应力。

　　通过 9.1 ~ 9.4 节的分析，可以得出以下主要的结论：

　　（1）利用多弧离子镀技术，使用 Ti-Al-Zr 合金靶和 Cr 靶，成功地制备了具有 TiN 型面心立方结构，并以 CrN 为中间层的(Ti, Al, Zr, Cr)N 双层复合薄膜。

　　（2）CrN/(Ti, Al, Zr, Cr)N 双层膜的(Al + Zr + Cr)/(Ti + Al + Zr + Cr)原子比值分别在 0.45 ~ 0.50（W18Cr4V 基体）和 0.40 ~ 0.42（WC-8% Co 基体）之间，当其比值分别约为 0.45 和 0.40 时，薄膜可以获得更高的硬度。

10 CrN/(Ti,Al,Zr,Cr)N 多元双层膜的性能

10.1 CrN/(Ti,Al,Zr,Cr)N 膜硬度和膜/基结合力

10.1.1 薄膜硬度

不同偏压下在高速钢和硬质合金基体上沉积的 CrN/(Ti,Al,Zr,Cr)N 膜的显微硬度，见表 10-1。与 (Ti,Al,Zr)N/(Ti,Al,Zr,Cr)N 双层膜相同，其硬度明显高于 (Ti,Al,Zr,Cr)N 单层膜的硬度，这是双层薄膜界面中断了柱状晶的生长（见9.2节薄膜的断口形貌观测结果），使其界面强化的结果。而且，CrN/(Ti,Al,Zr,Cr)N 膜略低于 (Ti,Al,Zr)N/(Ti,Al,Zr,Cr)N 膜的硬度，这可能与中间层 CrN 的硬度低于 (Ti,Al,Zr)N 有关。中间层 CrN 与 (Ti,Al,Zr,Cr)N 薄膜具有相同的晶体结构和滑移系统，属于同构氮化物双层薄膜，位错容易穿越亚界面。Barnett 等人认为，两层组分的弹性模量差异是氮化物薄膜硬度提高的主要因素。

表 10-1 不同偏压下沉积 CrN/(Ti,Al,Zr,Cr)N 膜的显微硬度

偏压/V	显微硬度（$HV_{0.01}$）	
	W18Cr4V 基体	WC-8%Co 基体
-50	2850 ± 100	3600 ± 100
-100	3150 ± 100	3600 ± 100
-150	3300 ± 100	3800 ± 100
-200	3400 ± 100	3900 ± 100

与 (Ti,Al,Zr,Cr)N 单层膜相同，CrN/(Ti,Al,Zr,Cr)N 膜高硬度的主要原因仍与固溶强化有关。同时，由于两种基体上薄

膜的晶格常数的差异（见 9.4 节薄膜的相结构分析），导致硬质合金基体高于高速钢基体的薄膜硬度。

CrN/(Ti,Al,Zr,Cr)N 膜的晶粒尺寸仍用 XRD 谱的半高宽（Scherrer 公式）进行估算。高速钢基体的 (Ti, Al, Zr)N/(Ti,Al,Zr,Cr)N 膜根据 XRD 谱线的衍射强峰 TiN(220) 计算，$\lambda = 0.154056\text{nm}$，$\theta = 30.76°$，$B = 0.01948\text{nm}$，代入这些数据计算得出其膜的平均晶粒尺寸约为 8.3nm；而硬质合金基体的 (Ti,Al,Zr)N/(Ti,Al,Zr,Cr)N 膜根据 XRD 谱线的衍射强峰 TiN (111) 计算，$\lambda = 0.154056\text{nm}$，$\theta = 17.9895°$，$B = 0.01299\text{nm}$，代入这些数据计算得出薄膜的平均晶粒尺寸约为 11.2nm。与 TiN（晶粒尺寸 13~16nm）相比，晶粒明显细化，这也可导致薄膜的显微硬度提高。

CrN/(Ti,Al,Zr,Cr)N 膜的显微硬度随偏压的升高而增大，这是由于负偏压的提高增强了离子的轰击效果，导致薄膜结构更致密，从而提高了薄膜的硬度。而且，当薄膜的(Al + Zr + Cr)/(Ti + Al + Zr + Cr)原子比值约为 0.45 （W18Cr4V 基体）和 0.40 （WC-8%Co 基体）时，可以获得更高的显微硬度。

10.1.2 膜/基结合力

除了 -50V 偏压下的高速钢基体与 CrN/(Ti,Al,Zr,Cr)N 膜间的结合力稍低之外，其他工艺下的薄膜和两种基体之间都有非常好的界面结合力，测定结果见表 10-2。

表 10-2   不同偏压下沉积的 CrN/(Ti,Al,Zr,Cr)N 膜与基体间的界面结合力

偏压/V	结合力/N	
	W18Cr4V 基体	WC-8%Co 基体
-50	150~160	>200
-100	170~180	>200
-150	170~180	>200
-200	180~190	>200

在沉积薄膜前，对高速钢和硬质合金两种基体进行了高能离子的轰击，这有利于清洗基体表面。而且，多弧离子镀的工艺特点是离化率（60%~90%）和离子能量（几百 eV 甚至几千 eV）远比磁控溅射工艺下的离化率（一般不超过1%）和离子能量（几十 eV）要高得多。因此，在薄膜的沉积过程中会对生长表面产生很强的离子轰击效应，载能离子的轰击使 CrN 层和 (Ti,Al,Zr,Cr)N 层混合效应增强，出现一定厚度的离子混合层，这大大提高了薄膜和基体之间的界面结合性能。

与(Ti,Al,Zr,Cr)N 单层膜和(Ti,Al,Zr)N/(Ti,Al,Zr,Cr)N 双层膜相比较，CrN/(Ti,Al,Zr,Cr)N 的膜/基结合力进一步提高，且薄膜与硬质合金基体之间的结合力仍稍高于与高速钢基体之间的结合力。不同的薄膜和基体材料的组合对其结合力有着重要的影响，键合类型差别较大，浸润性能较差的物质之间不易形成较强的结合力；而薄膜与中间层处于共格或半共格时其互溶性好，可以形成较强的结合力，但较厚或较脆的中间层也会导致界面结合性能的恶化。CrN 中间层具有良好的韧性，它大大减小了(Ti,Al,Zr,Cr)N 多元膜与基体因热膨胀系数的差异而产生的热应力，也减小了(Ti,Al,Zr,Cr)N 膜与基体之间由于硬度过大的差异而影响膜/基结合力。所以，CrN 中间层能显著地提高(Ti,Al,Zr,Cr)N 薄膜与基体间的结合性能。

10.2 CrN/(Ti,Al,Zr,Cr)N 膜耐磨性

10.2.1 薄膜摩擦系数曲线

图 10-1 和图 10-2 所示为不同偏压下在高速钢和硬质合金基体上沉积 CrN/(Ti,Al,Zr,Cr)N 膜的常温（15℃）摩擦系数随磨损时间的变化曲线。薄膜的平均常温摩擦系数约在 0.3~0.4 之间，并且随着沉积偏压的增加，其摩擦系数有所减小且波动减少，而且硬质合金基体比高速钢基体的薄膜摩擦系数略低。CrN/(Ti,Al,Zr,Cr)N 薄膜优良的显微硬度和膜/基结合力较大地提高了薄膜的耐磨损性能。图 10-3 和图 10-4 所示为不同偏压下

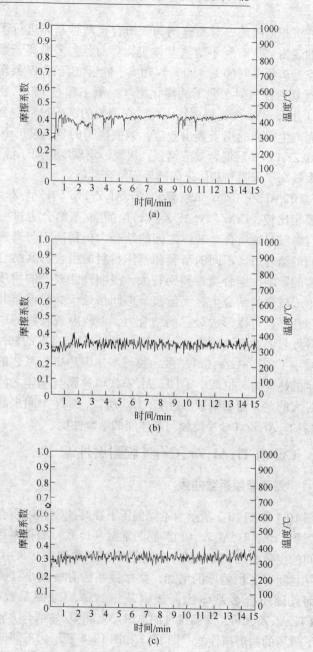

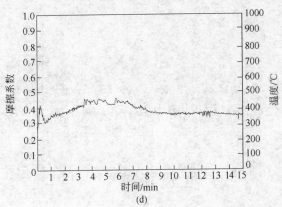

图 10-1　W18Cr4V 基体上 CrN/(Ti,Al,Zr,Cr)N 膜的常温摩擦系数曲线
(a) −50V；(b) −100V；(c) −150V；(d) −200V

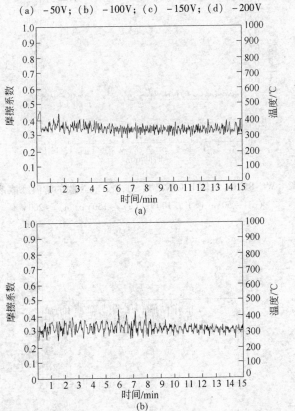

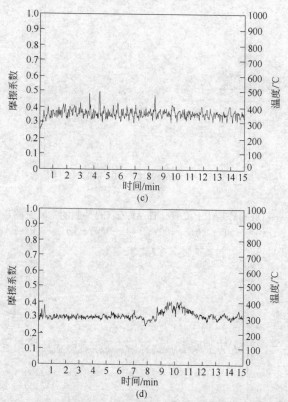

图 10-2　WC-8% Co 基体上 CrN/(Ti,Al,Zr,Cr)N 膜的常温摩擦系数曲线
（a）－50V；（b）－100V；（c）－150V；（d）－200V

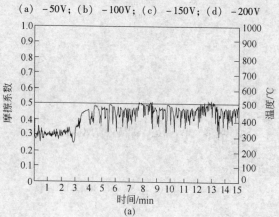

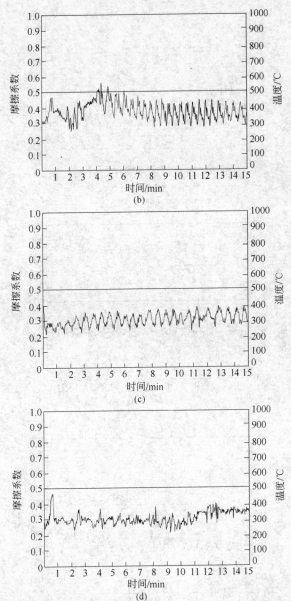

图 10-3 W18Cr4V 基体上 CrN/(Ti,Al,Zr,Cr)N 膜的高温摩擦系数曲线

(a) -50V; (b) -100V; (c) -150V; (d) -200V

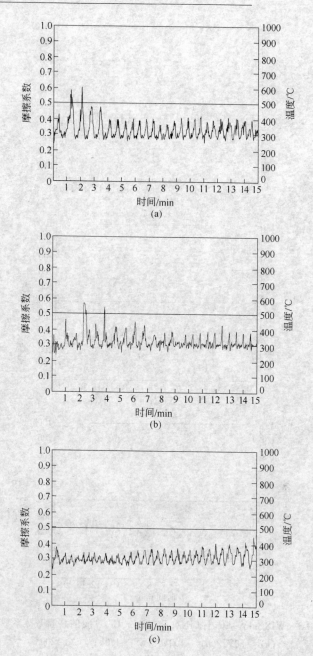

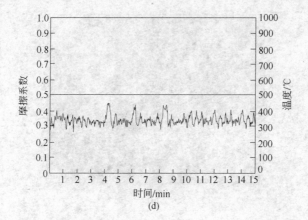

图 10-4 WC-8%Co 基体上 CrN/(Ti,Al,Zr,Cr)N 膜的高温摩擦系数曲线
(a) －50V；(b) －100V；(c) －150V；(d) －200V

在高速钢和硬质合金基体上沉积 CrN/(Ti,Al,Zr,Cr)N 膜的高温 (500℃) 摩擦系数随磨损时间的变化曲线。薄膜的平均高温摩擦系数约在 0.3~0.45 之间。与常温摩擦系数相比较，其摩擦系数值略微增加，而且曲线的波动也较大。

图 10-1~图 10-4 说明，与 (Ti,Al,Zr,Cr)N 单层膜的常温和高温摩擦系数相比，CrN/(Ti,Al,Zr,Cr)N 双层膜的摩擦系数有所减小且波动减少；但与 (Ti, Al, Zr)/(Ti,Al,Zr,Cr)N 双层膜的常温和高温摩擦系数相比，CrN/(Ti,Al,Zr,Cr)N 双层膜的摩擦系数值及其曲线波动的幅度均有所增加。

10.2.2 薄膜磨损表面形貌

图 10-5 和图 10-6 所示为不同偏压下在高速钢和硬质合金基体上沉积 CrN/(Ti,Al,Zr,Cr)N 膜的常温磨损表面形貌。从图 10-5 和图 10-6 中可以看出，随着沉积偏压的增加，薄膜的破损程度有所减弱。除了 －200V 偏压外，其他偏压下的薄膜都存在着沿摩擦方向的摩擦沟槽痕迹、裂纹和不规则的剥落坑，它们的磨损机理仍是以黏着磨损为主，并伴有脆性剥落的磨粒磨损。图 10-7 和图 10-8 所示为不同偏压下在高速钢和硬质合金基体上

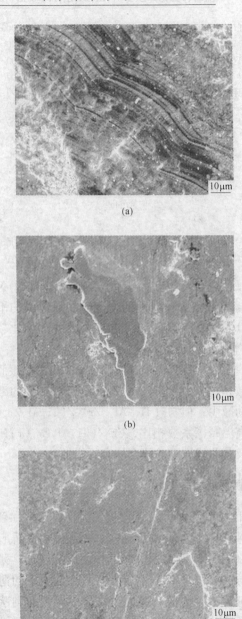

(a)

(b)

(c)

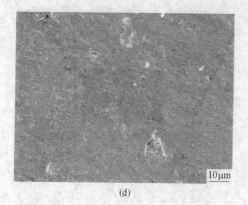

(d)

图 10-5　不同偏压下 W18Cr4V 基体上 CrN/(Ti,Al,Zr,Cr)N
膜的常温磨损形貌

(a) −50V；(b) −100V；(c) −150V；(d) −200V

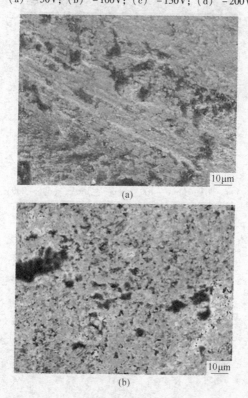

(a)

(b)

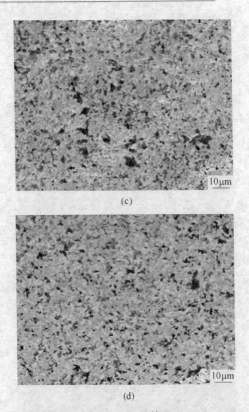

(c)

(d)

图 10-6　不同偏压下 WC-8%Co 基体上 CrN/(Ti,Al,Zr,Cr)N
膜的常温磨损形貌

(a) −50V; (b) −100V; (c) −150V; (d) −200V

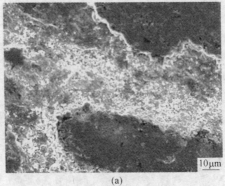

(a)

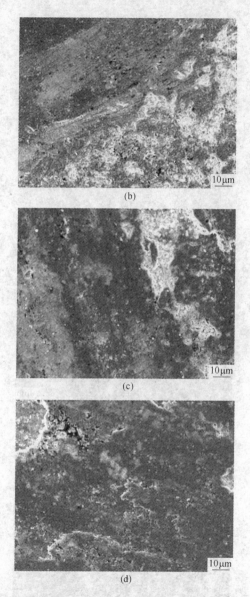

图 10-7 不同偏压下 W18Cr4V 基体上 CrN/(Ti,Al,Zr,Cr)N
膜的高温磨损形貌
(a) −50V；(b) −100V；(c) −150V；(d) −200V

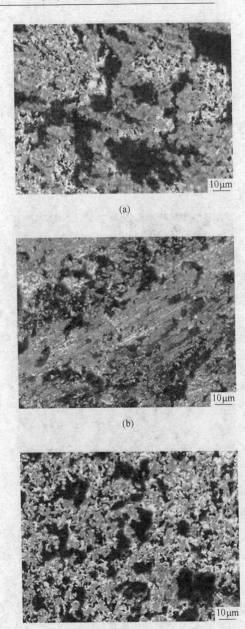

(a)

(b)

(c)

(d)

图 10-8　不同偏压下 WC-8%Co 基体上 CrN/(Ti,Al,Zr,Cr)N
膜的高温磨损形貌
(a) -50V；(b) -100V；(c) -150V；(d) -200V

沉积(Ti,Al,Zr,Cr)N 膜的高温磨损表面形貌。在所有的偏压下，两种基体上的薄膜都存在着摩擦沟槽痕迹、裂纹和剥落坑。与常温磨损形貌相比较，高温磨损的破损面积略微增加，黏着磨损和磨粒磨损变得更加严重。

　　所以，与(Ti,Al,Zr,Cr)N 单层膜的常温和高温磨损形貌相比较，CrN/(Ti,Al,Zr,Cr)N 双层膜的形貌有所改善；但与(Ti, Al, Zr)/(Ti,Al,Zr,Cr)N 双层膜的常温和高温磨损形貌相比较，CrN/(Ti,Al,Zr,Cr)N 双层膜的破损程度略微加重。

10.3　CrN/(Ti,Al,Zr,Cr)N 膜的高温氧化行为

10.3.1　薄膜短时高温氧化

10.3.1.1　氧化行为基本特征

　　高速钢和硬质合金基体上的 CrN/(Ti,Al,Zr,Cr)N 膜分别在 600~900℃下氧化 4h 后，薄膜表面的色泽状态发生了变化，见表 10-3。与(Ti,Al,Zr,Cr)N 单层膜及(Ti,Al,Zr)N/(Ti,Al,Zr,Cr)N

双层膜相比较，高速钢和硬质合金表面沉积 CrN/(Ti,Al,Zr,Cr)N 膜后其色泽变化更缓慢，表面氧化速率明显降低。

表 10-3   CrN/(Ti,Al,Zr,Cr)N 膜的表面状态变化

氧化温度/℃	W18Cr4V 基体上薄膜	WC-8% Co 基体上薄膜
600	金黄色并局部偏红，光亮	蓝紫色，光亮
700	蓝紫色，光亮	蓝紫色，光亮
800	蓝紫色，光亮	蓝紫色，光亮程度下降
900	紫绿色，无光泽	灰绿色，无光泽

高速钢和硬质合金基体及其(Ti,Al,Zr,Cr)N、(Ti,Al,Zr)N/(Ti,Al,Zr,Cr)N 和 CrN/(Ti,Al,Zr,Cr)N 薄膜在 600～900℃下氧化 4h 的增重曲线，如图 10-9 和图 10-10 所示。结果表明，高速钢和硬质合金表面沉积 CrN/(Ti,Al,Zr,Cr)N 膜后，其氧化增重均低于(Ti,Al,Zr,Cr)N 和(Ti,Al,Zr)N/(Ti,Al,Zr,Cr)N 膜的氧化增重，抗高温氧化性能得到更明显的改善。同时，高速钢薄膜试样明显低于硬质合金薄膜试样的氧化增重。

对于高速钢上的 CrN/(Ti,Al,Zr,Cr)N 薄膜试样，当温度为

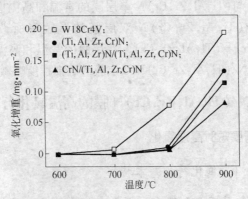

图 10-9   W18Cr4V 基体及其(Ti,Al,Zr,Cr)N,
(Ti,Al,Zr)N/(Ti,Al,Zr,Cr)N 和 CrN/(Ti,Al,Zr,Cr)N 膜
在 600～900℃下氧化 4h 的增重曲线

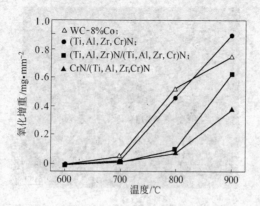

图 10-10 WC-8% Co 基体及其(Ti,Al,Zr,Cr)N,
(Ti,Al,Zr)N/(Ti,Al,Zr,Cr)N 和 CrN/(Ti,Al,Zr,Cr)N 膜
在 600~900℃下氧化 4h 的增重曲线

600~800℃时，其氧化增重可忽略不计；当温度高达 900℃时，其氧化增重大幅度上升，这说明薄膜已经开始失效，但其增重明显低于(Ti,Al,Zr,Cr)N 单层膜和(Ti,Al,Zr)N/(Ti,Al,Zr,Cr)N 双层膜试样的增重。

对于硬质合金上的 CrN/(Ti,Al,Zr,Cr)N 薄膜试样，当温度为 600~700℃时，仍无可见的氧化增重；当温度达到 800℃时，其氧化增重略微上升，但薄膜试样的抗氧化性能较好，它比(Ti,Al,Zr,Cr)N 和(Ti,Al,Zr)N/(Ti,Al,Zr,Cr)N 薄膜试样的增重有所降低；而当温度高达 900℃时，薄膜试样的氧化增重大幅度增加，薄膜已基本失效，但其增重明显低于(Ti,Al,Zr,Cr)N 和(Ti,Al,Zr)N/(Ti,Al,Zr,Cr)N 薄膜试样的增重。

图 10-9 和图 10-10 说明，高速钢和硬质合金表面沉积 CrN/(Ti,Al,Zr,Cr)N 膜后，短时抗氧化的温度均可进一步提高到 800℃。

10.3.1.2 氧化膜表面形貌

图 10-11 所示为高速钢基体的 CrN/(Ti,Al,Zr,Cr)N 膜在 700~

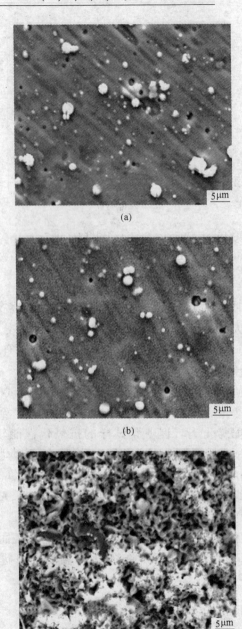

(a)

(b)

(c)

(d)

图 10-11 W18Cr4V 基体上 CrN/(Ti,Al,Zr,Cr)N 膜
在 700~900℃下氧化 4h 后的表面形貌
(a) 700℃；(b) 800℃；(c)，(d) 900℃

900℃下氧化 4h 后的表面形貌。在 700~800℃时，薄膜的表面
形貌几乎没有变化，仅表面的部分液滴呈轻微的氧化趋势；在
900℃时，薄膜的表面形貌变化很大，这说明薄膜已经完全氧
化，氧化膜也呈团簇状形貌，见图 10-11(c)，并有由应力引起
的鼓泡和裂纹现象，见图 10-11(d)。从 EDS 的分析结果可知，
氧化膜内含有 Fe 和 C 的基体元素，这说明氧原子沿裂纹向薄膜
内部扩散到高速钢基体，导致氧化现象严重。

图 10-12 是硬质合金基体的 CrN/(Ti,Al,Zr,Cr)N 膜在 600~

(a)

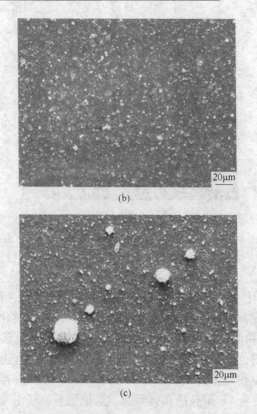

图 10-12　WC-8% Co 基体上 CrN/(Ti,Al,Zr,Cr)N 膜
在 600～800℃下氧化 4h 后的表面形貌
(a) 600℃; (b) 700℃; (c) 800℃

800℃下氧化 4h 后的表面形貌。从图中可以看出，在 600～
700℃时，薄膜的表面形貌没有变化；而在 800℃时，部分液滴
出现了明显的氧化趋势，氧化物呈现团簇状形貌。

10.3.1.3　氧化膜相结构

高速钢基体的 CrN/(Ti,Al,Zr,Cr)N 膜在 700～900℃下氧化
4h 后的 XRD 图谱，如图 10-13 所示。

薄膜经 700℃氧化后，试样表面仍是高速钢基体和 TiN 的衍

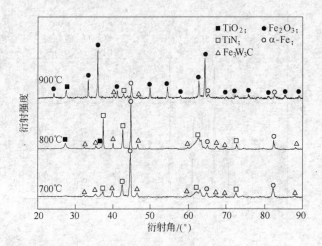

图 10-13 W18Cr4V 基体上 CrN/(Ti,Al,Zr,Cr)N 膜
在 700~900℃ 氧化 4h 后的 XRD 图谱

射峰，表面没有被氧化；在 800℃ 氧化后，表面出现了 TiO_2 氧化物峰，这说明氧化膜已经有一定的厚度；当温度足够高达到 900℃ 时，试样表面大部分已被氧化成 TiO_2 及基体的氧化物 Fe_2O_3，此时的氧化膜已经部分失效。所以，在短时氧化条件下，CrN/(Ti,Al,Zr,Cr)N 膜的抗高温氧化温度可提高到 800℃，而且与高速钢上的 (Ti,Al,Zr,Cr)N 单层膜及 (Ti,Al,Zr)N/(Ti,Al,Zr,Cr)N 双层膜相比，其抗高温氧化性能有所提高。

硬质合金基体的 CrN/(Ti,Al,Zr,Cr)N 膜在 600~800℃ 下氧化 4h 后的 XRD 图谱，如图 10-14 所示。薄膜表面形成了 TiO_2 氧化物及基体的氧化物 WO_3 和 Co_3O_4。随着氧化温度的升高，TiN 和基体的衍射峰强度逐渐减弱，而 TiO_2、WO_3 和 Co_3O_4 氧化物的衍射峰强度逐渐加强。

10.3.2 薄膜长时高温循环氧化

10.3.2.1 氧化动力学曲线

与 (Ti,Al,Zr,Cr)N 和 (Ti,Al,Zr)N/(Ti,Al,Zr,Cr)N 薄膜相

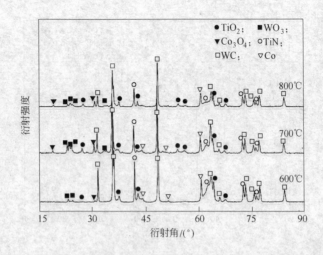

图 10-14   WC-8% Co 基体上 CrN/(Ti,Al,Zr,Cr)N 膜
在 600～800℃氧化 4h 后的 XRD 图谱

同，进一步研究了高速钢基体上 CrN/(Ti,Al,Zr,Cr)N 薄膜在
700℃和 800℃，以及硬质合金基体上 CrN/(Ti,Al,Zr,Cr)N 薄膜
在 600℃和 700℃的长时（100h）循环氧化的动力学曲线，如图
10-15 和图 10-16 所示。

对于高速钢基体的 CrN/(Ti,Al,Zr,Cr)N 薄膜试样，在
700℃的氧化前期，薄膜试样的增重持续地增长，直至约 80h
后，其动力学曲线趋于平缓。作为对比，其氧化增重比(Ti,Al,
Zr)N 单层膜的氧化增重有所减少，但比(Ti,Al,Zr,Cr)N/(Ti,Al,
Zr,Cr)N 双层膜的氧化增重有所增加；而在 800℃氧化时，其增
重几乎成线性增加规律，但比 (Ti,Al,Zr) N 单层膜和
(Ti,Al,Zr)N/(Ti,Al,Zr,Cr)N 双层膜的增重明显减少。

对于硬质合金基体的 CrN/(Ti,Al,Zr,Cr)N 薄膜试样，在
600℃氧化时，薄膜试样直至约 90h 后，动力学曲线进入了稳态
氧化阶段；而在 700℃氧化时，薄膜试样的增重相对较大，
几乎成线性增加规律。与 (Ti，Al，Zr) N 单层膜和
(Ti,Al,Zr)N/(Ti,Al,Zr,Cr)N双层膜相比较，其抗高温循环氧

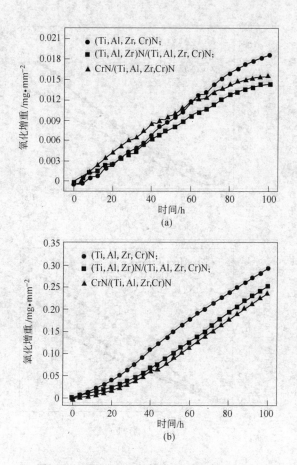

图 10-15 W18Cr4V 基体上(Ti,Al,Zr,Cr)N,
(Ti,Al,Zr)N/(Ti,Al,Zr,Cr)N 和 CrN/(Ti,Al,Zr,Cr)N 膜
在 700℃和 800℃的氧化动力学曲线
(a) 700℃;(b) 800℃

化性能明显改善。

10.3.2.2 氧化膜表面形貌

高速钢上的 CrN/(Ti,Al,Zr,Cr)N 薄膜试样在 700℃下氧化

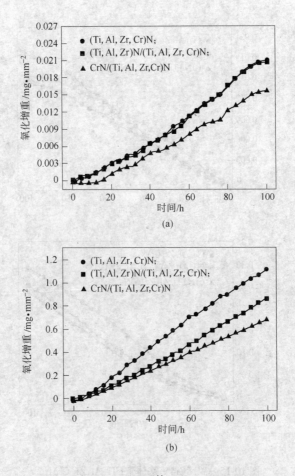

图 10-16 WC-8% Co 基体上(Ti,Al,Zr,Cr)N,
(Ti,Al,Zr)N/(Ti,Al,Zr,Cr)N 和 CrN/(Ti,Al,Zr,Cr)N 膜
在 600℃和 700℃的氧化动力学曲线
(a) 600℃; (b) 700℃

100h 后，其表面形貌变化较小，但是液滴氧化的趋势比 4h 时更快，见图 10-17(a)；而在 800℃下氧化 100h 后，其表面形貌变化很大，薄膜已经基本氧化，氧化膜呈短针状形貌，见图 10-17(b)，并产生了许多的鼓泡，见图 10-17(c)。

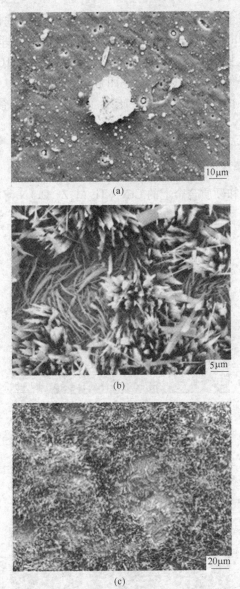

图 10-17 W18Cr4V 基体上 CrN/(Ti,Al,Zr,Cr)N 膜
在 700℃和 800℃氧化 100h 后的表面形貌
(a) 700℃; (b), (c) 800℃

硬质合金上的 CrN/(Ti,Al,Zr,Cr)N 薄膜试样在 600℃ 下氧化 100h 后，其表面的液滴明显地氧化并呈团簇状形貌分布，见图 10-18(a)；而在 700℃ 下氧化 100h 后，薄膜已经完全氧化，氧化膜也呈团簇状形貌分布，见图 10-18(b)，表面由于应力集中而产生了一些微孔和裂纹，见图 10-18(c)。

10.3.2.3 氧化膜相结构

高速钢和硬质合金上的 CrN/(Ti,Al,Zr,Cr)N 薄膜试样氧化

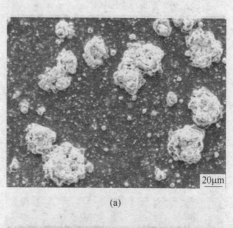

(a)

(b)

(c)

图 10-18 WC-8% Co 基体上 CrN/(Ti,Al,Zr,Cr)N 膜
在 600℃ 和 700℃ 氧化 100h 后的表面形貌
(a) 600℃；(b), (c) 700℃

100h 后的 XRD 图谱，如图 10-19 和图 10-20 所示。

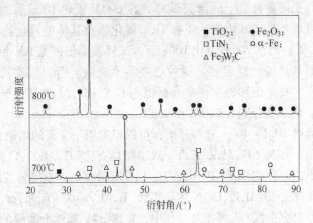

图 10-19 W18Cr4V 基体上 CrN/(Ti,Al,Zr,Cr)N 膜
在 700℃ 和 800℃ 氧化 100h 后的 XRD 图谱

对于高速钢上的薄膜试样，在 700℃ 氧化 100h 后，试样表
面开始出现了 TiO_2 峰，而且 TiN(220) 峰向大角度偏移；而在

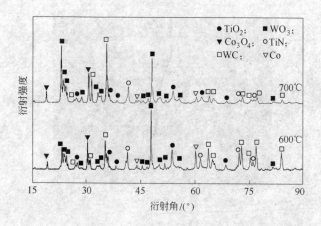

图 10-20   WC-8% Co 基体上 CrN/(Ti,Al,Zr,Cr)N 膜
在 600℃和 700℃氧化 100h 后的 XRD 图谱

800℃氧化 100h 后，试样表面只有基体氧化物 Fe_2O_3 的衍射峰，其强度很强，薄膜已经完全失效。

对于硬质合金上的薄膜试样，在 600℃氧化 100h 后，试样表面可见 TiN 和基体峰，还有 TiO_2 氧化物及基体的氧化物 WO_3 和 Co_3O_4；而在 700℃氧化 100h 后，试样表面仍可见 TiN 和基体峰，但其强度已经很弱，薄膜已经基本失效。所以，就长时氧化而言，高速钢和硬质合金表面沉积 CrN/(Ti,Al,Zr,Cr)N 膜后的抗氧化温度分别为 700℃和 600℃。

通过 10.1 ~ 10.3 节的分析，可以得出以下主要的结论：

(1) CrN/(Ti,Al,Zr,Cr)N 双层膜具有比(Ti,Al,Zr,Cr)N 单层膜更高、但略低于(Ti,Al,Zr)N/(Ti,Al,Zr,Cr)N 双层膜的硬度，同时具有比(Ti,Al,Zr,Cr)N 单层膜和(Ti,Al,Zr)N/(Ti,Al,Zr,Cr)N 双层膜都强的膜/基结合力。其中，W18Cr4V 基体上薄膜的硬度和结合力最高可分别达到 $3400HV_{0.01}$ 和 190N；而 WC-8% Co 基体上薄膜则为 $3900HV_{0.01}$ 和大于 200N。

(2) CrN/(Ti,Al,Zr,Cr)N 双层膜在常温和高温条件下磨损时的平均摩擦系数分别在 0.3 ~ 0.4 和 0.3 ~ 0.45 之间；摩擦磨损均为以发生塑性变形为主要特征的黏着磨损，并伴有磨粒磨损。薄膜的摩擦系数曲线和磨损表面形貌分析表明，CrN/(Ti,Al,Zr,Cr)N双层膜具有比(Ti,Al,Zr,Cr)N 单层膜更优、但略差于(Ti,Al,Zr)N/(Ti,Al,Zr,Cr)N 双层膜的常温和高温耐磨损性能。

（3）在短时（4h）氧化条件下，W18Cr4V 基体上的 CrN/(Ti,Al,Zr,Cr)N 膜仍在 800℃ 时具有良好的抗高温氧化性能，同时 WC-8%Co 基体上的 CrN/(Ti,Al,Zr,Cr)N 膜的抗高温氧化温度进一步提高到 800℃；而在长时（100h）循环氧化条件下，两种基体上的 CrN/(Ti,Al,Zr,Cr)N 膜的抗高温循环氧化温度仍分别为 700℃ 和 600℃。薄膜试样的氧化增重、氧化膜的表面形貌及其相结构的分析表明，CrN/(Ti,Al,Zr,Cr)N 双层膜具有比(Ti,Al,Zr,Cr)N 单层膜更为良好的抗高温氧化性能。

11 TiAlZrCr/(Ti,Al,Zr,Cr)N 多元梯度膜的制备与微结构

11.1 TiAlZrCr/(Ti,Al,Zr,Cr)N 膜制备

采用多弧离子镀方法制备多组元梯度薄膜时，人们通常通过改变工艺参数，尤其是调整气体分压的大小和弧电流的比例来控制薄膜的成分和结构。本实验制备了以 TiAlZrCr 合金为过渡层的(Ti,Al,Zr,Cr)N 多元梯度膜，它是通过逐渐调节气体分压和 Ti-Al-Zr 靶的弧电流而实现的。为了与(Ti,Al,Zr,Cr)N 单层及(Ti,Al,Zr)N/(Ti,Al,Zr,Cr)N 和 CrN/(Ti,Al,Zr,Cr)N 双层的多组元氮化物膜的性能相比较，(Ti,Al,Zr,Cr)N 多元梯度膜的沉积工艺最终调节到与其（或其表层）(Ti,Al,Zr,Cr)N 膜的沉积工艺相同。

TiAlZrCr/(Ti,Al,Zr,Cr)N 梯度膜的工艺制备流程为：试样镀膜前的检查→试样表面的水磨砂纸逐级打磨→试样表面的抛光→丙酮超声波清洗（两次）→乙醇超声波清洗（两次）→烘干→装炉→真空室抽至高真空→离子轰击清洗 10min→沉积 TiAlZrCr 合金膜 5min→沉积(Ti,Al,Zr,Cr)N 膜 30min→真空冷却→出炉。

在沉积过程中，仅设定了一种气体分压为 $(1.5 \sim 2.0) \times 10^{-1}Pa \sim (2.5 \sim 3.0) \times 10^{-1}Pa$，并设定了 4 种沉积偏压分别为 $-50V$，$-100V$，$-150V$ 和 $-200V$，以观察其对薄膜的影响，并通过调整烘烤电流使真空炉内的温度为 260 ～ 270℃，传动轴电压为 35V，其具体的制备工艺参数见表 11-1。

表 11-1 TiAlZrCr/(Ti,Al,Zr,Cr)N 梯度膜的制备工艺参数

沉积过程	通入气体	气体分压[①]/Pa	偏压/V	TiAlZr 靶的弧电流/A	Cr 靶的弧电流/A	沉积温度/℃	沉积时间/min
离子轰击	Ar	$(1.5 \sim 2.0) \times 10^{-1}$	-350	50	40	$220 \sim 260$	10
沉积 TiAlZrCr 过渡层	Ar	$(1.5 \sim 2.0) \times 10^{-1}$	$-50, -100, -150, -200$	50	40	$260 \sim 270$	5
沉积 (Ti,Al,Zr,Cr)N 梯度膜	N_2	$(1.5 \sim 2.0) \times 10^{-1} \sim (2.5 \sim 3.0) \times 10^{-1}$ 渐变调节	$-50, -100, -150, -200$	$50 \sim 70$ 渐变调节	40	$260 \sim 270$	30

①真空炉的背底真空度为 1.3×10^{-2} Pa。

11.2 TiAlZrCr/(Ti,Al,Zr,Cr)N 膜断口形貌

不同偏压下在高速钢和硬质合金基体上沉积的 TiAlZrCr/(Ti,Al,Zr,Cr)N 多元梯度膜的断口形貌，如图 11-1 和图 11-2 所示。

1 μm

(a)

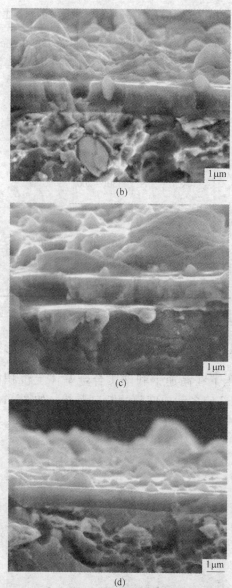

图 11-1　不同偏压下 W18Cr4V 基体上 TiAlZrCr/(Ti,Al,Zr,Cr)N
梯度膜的断口形貌
(a) −50V；(b) −100V；(c) −150V；(d) −200V

1 μm

(a)

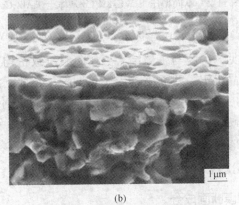

1 μm

(b)

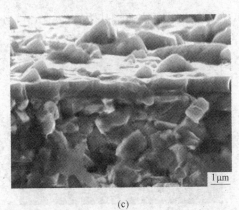

1 μm

(c)

(d)

图 11-2　不同偏压下 WC-8%Co 基体上 TiAlZrCr/
(Ti,Al,Zr,Cr)N 梯度膜的断口形貌
(a) −50V；(b) −100V；(c) −150V；(d) −200V

由图可见，薄膜与基体结合紧密，组织致密均匀，薄膜是典型的柱状晶组织。SEM 下测定了不同偏压条件下沉积的两种基体上薄膜的厚度大约为 1~1.5μm，而且与高速钢基体的薄膜厚度相比，硬质合金基体的薄膜厚度略薄。同时，随着偏压的增大，薄膜的厚度有所减小。

11.3　TiAlZrCr/(Ti,Al,Zr,Cr)N 膜成分

11.3.1　薄膜断面成分

在 −150V 偏压下沉积的高速钢基体的 TiAlZrCr/(Ti,Al,Zr,Cr)N 多元梯度膜的断面 EDS 线分析结果，如图 11-3 所示。

(a)

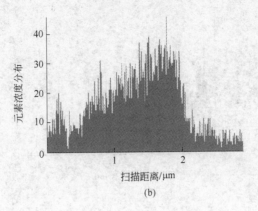

(b)

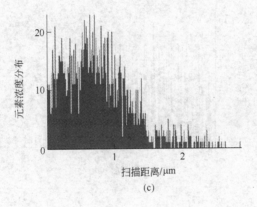

(c)

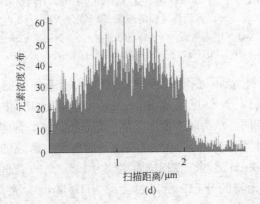

(d)

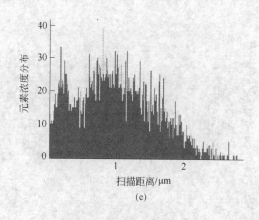

(e)

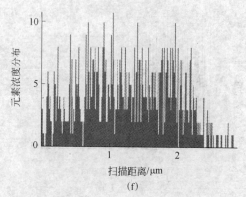

(f)

图 11-3　W18Cr4V 基体上 TiAlZrCr/(Ti,Al,Zr,Cr)N
多元梯度膜的断面 EDS 线分析
(a) 扫描相貌图；(b) Cr 元素分布；(c) N 元素分布；
(d) Ti 元素分布；(e) Al 元素分布；(f) Zr 元素分布

　　在 4 种偏压下沉积的高速钢和硬质合金基体上的 TiAlZrCr/
(Ti,Al,Zr,Cr)N 梯度膜成分中，各元素含量的变化趋势与图
11-3 基本相同。从薄膜表面向基体内部进行读谱，薄膜的成分呈
良好的梯度渐变分布。从薄膜表面开始观察，薄膜的扫描距离
约在 0.5 ~ 2μm 之间。在扫描距离约为 1.5 ~ 2μm 之间时，基本
上没有 N 元素的分布，所以过渡层为 TiAlZrCr 合金膜；同时，

在薄膜的扫描范围内，Ti、Al、Zr 和 N 元素含量逐渐减少，而 Cr 元素含量逐渐增加。所以，所沉积的薄膜是以 TiAlZrCr 合金膜为过渡层，Ti、Al、Zr、Cr 和 N 元素渐变分布的(Ti,Al,Zr,Cr)N 梯度复合薄膜。梯度薄膜通过材料成分和应力的显微变化，使得薄膜的性能得到了较大的改善。

11.3.2 薄膜表面成分

在不同偏压下沉积的高速钢和硬质合金基体上 TiAlZrCr/(Ti,Al,Zr,Cr)N 多元梯度膜的表面 EDS 点分析结果，见表 11-2 和表 11-3。

表 11-2 W18Cr4V 基体上 TiAlZrCr/(Ti,Al,Zr,Cr)N 膜的表面 EDS 点分析

偏压/V	原子分数/%					
	Ti	Al	Zr	Cr	N	$(Al+Zr+Cr)/(Ti+Al+Zr+Cr)$
-50	24.3	11.9	1.7	9.6	52.5	0.49
-100	27.5	11.8	1.5	10.1	49.1	0.46
-150	27.8	11	1.3	11.4	48.5	0.46
-200	28.6	10.6	1.2	11.5	48.1	0.45

表 11-3 WC-8%Co 基体的 TiAlZrCr/(Ti,Al,Zr,Cr)N 膜的表面 EDS 点分析

偏压/V	原子分数/%					
	Ti	Al	Zr	Cr	N	$(Al+Zr+Cr)/(Ti+Al+Zr+Cr)$
-50	28.4	11.8	1.8	5.4	52.6	0.40
-100	30.1	11.6	1.6	7.1	49.6	0.40
-150	30.3	11	1.5	8.4	48.8	0.40
-200	31.5	10.8	1.4	7.8	48.5	0.39

从表 11-2 和表 11-3 中可以看出，除 -50V 偏压外，其他偏压下薄膜的成分变化均不明显。而且在薄膜成分中，高速钢基体上膜的 $(Al+Zr+Cr)/(Ti+Al+Zr+Cr)$ 比值为 0.45 ~ 0.49，

而硬质合金基体上膜的(Al + Zr + Cr)/(Ti + Al + Zr + Cr)比值为 0.39~0.40。与 Ti-Al-Zr-Cr-N 系复合膜中其他薄膜的表面成分相比较,(Ti, Al, Zr)N/(Ti, Al, Zr, Cr)N 薄膜的(Al + Zr + Cr)/(Ti + Al + Zr + Cr)比值普遍有所减小。本书实验证明,当这种原子比值约为 0.45 (W18Cr4V 基体上的膜) 和 0.39 (WC-8% Co 基体上的膜) 时,可以获得最高的硬度。

11.4 TiAlZrCr/(Ti,Al,Zr,Cr)N 膜相结构

不同偏压下在高速钢和硬质合金基体上制备 TiAlZrCr/(Ti,Al,Zr,Cr)N多元梯度膜后的 XRD 图谱,如图 11-4 和图 11-5 所示。TiAlZrCr/(Ti, Al, Zr, Cr)N 梯度膜与(Ti, Al, Zr, Cr)N、(Ti,Al,Zr)N/(Ti,Al,Zr,Cr)N 和 CrN/(Ti,Al,Zr,Cr)N 薄膜的结构相同,仍是 TiN 型的面心立方结构。

剔除高速钢和硬质合金基体相的 XRD 峰后,硬质合金基体

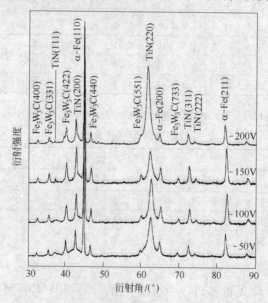

图 11-4 W18Cr4V 基体上 TiAlZrCr/(Ti,Al,Zr,Cr)N
梯度膜的 XRD 图谱

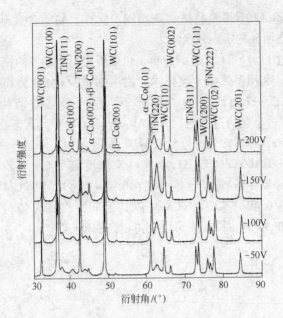

图 11-5 WC-8% Co 基体上 TiAlZrCr/(Ti,Al,Zr,Cr)N
梯度膜的 XRD 图谱

镀膜后新增加的谱线主要是 TiN 的(111)峰和(200)峰，同时出现强度较低的(220)峰、(311)峰和(222)峰。高速钢基体镀膜后新增加的谱线的强峰由 TiN(111)转向 TiN(220)，而(111)峰、(200)峰、(311)峰和(222)峰相对较弱。随着偏压的增大，两种基体镀膜后的 TiN(220)衍射峰均开始发生小角度的偏移，这与 Ti-Al-Zr-Cr-N 系复合膜中的其他薄膜在不同偏压下 XRD 图谱的变化趋势基本相同。同样，实验中高速钢基体的薄膜强峰仍转向 TiN(220)，它们与(Ti,Al,Zr,Cr)N 单层膜的峰位及峰强基本相同。

硬质合金基体上 TiAlZrCr/(Ti,Al,Zr,Cr)N 梯度膜的晶格常数为 0.432nm，高速钢基体上 TiAlZrCr/(Ti,Al,Zr,Cr)N 梯度膜的晶格常数为 0.424nm（TiN 标准晶格常数 a = 0.424nm），它们与(Ti,Al,Zr,Cr)N、(Ti,Al,Zr)N/(Ti,Al,Zr,Cr)N 和 CrN/

(Ti,Al,Zr,Cr)N膜的晶格常数相同。同样，硬质合金基体的薄膜内存在明显的宏观残余应力。

通过 11.1 ~ 11.4 节的分析，可以得出以下主要的结论：

（1）利用多弧离子镀技术，使用 Ti-Al-Zr 合金靶和 Cr 靶的组合方式，成功地制备了具有 TiN 型面心立方结构，并以 TiAlZrCr 合金膜为过渡层，Ti、Al、Zr、Cr 和 N 元素渐变分布的 (Ti,Al,Zr,Cr)N 多元梯度复合薄膜。

（2）TiAlZrCr/(Ti,Al,Zr,Cr)N 梯度膜的（Al + Zr + Cr）/(Ti + Al + Zr + Cr)原子比值分别在 0.45 ~ 0.49 （W18Cr4V 基体）和 0.39 ~ 0.40 （WC-8% Co 基体）之间，当其比值分别趋于 0.45 和 0.39 时，梯度膜可以获得更高的硬度。

12 TiAlZrCr/(Ti,Al,Zr,Cr)N 多元梯度膜的性能

12.1 TiAlZrCr/(Ti,Al,Zr,Cr)N 膜硬度和膜/基结合力

12.1.1 薄膜硬度

不同偏压下在高速钢和硬质合金基体上沉积的 TiAlZrCr/(Ti,Al,Zr,Cr)N 梯度膜的显微硬度，见表 12-1。它的硬度明显高于(Ti,Al,Zr,Cr)N 单层膜及(Ti,Al,Zr)N/(Ti,Al,Zr,Cr)N 和 CrN/(Ti,Al,Zr,Cr)N 双层膜的硬度，这是由于 TiAlZrCr 合金过渡层与(Ti,Al,Zr,Cr)N 薄膜间界面强化的结果，TiAlZrCr 与(Ti,Al,Zr,Cr)N 具有完全不同的晶体结构和滑移系统，属于异构氮化物薄膜，薄膜中界面对位错的移动和裂纹的扩展起到了阻碍的作用，从而促进了梯度薄膜硬度的进一步提高。

表 12-1 不同偏压下沉积的 TiAlZrCr/(Ti,Al,Zr,Cr)N 梯度膜的显微硬度

偏压/V	显微硬度（$HV_{0.01}$）	
	W18Cr4V 基体	WC-8%Co 基体
-50	3000 ± 100	3900 ± 100
-100	3200 ± 100	3900 ± 100
-150	3200 ± 100	3900 ± 100
-200	3500 ± 100	4000 ± 100

与(Ti,Al,Zr,Cr)N 单层膜相同，TiAlZrCr/(Ti,Al,Zr,Cr)N 梯度膜高硬度的主要原因与固溶强化有关。同时，两种基体上薄膜的晶格常数的差异（见 11.4 节薄膜的相结构分析），也导

致了硬质合金基体的薄膜硬度高于高速钢基体的薄膜硬度。

TiAlZrCr/(Ti,Al,Zr,Cr)N 梯度膜的晶粒尺寸仍用 XRD 谱的半高宽（Scherrer 公式）进行估算。高速钢基体的(Ti,Al,Zr)N/(Ti,Al,Zr,Cr)N 薄膜根据衍射强峰 TiN（220）计算，$\lambda = 0.154056nm$，$\theta = 30.991°$，$B = 0.03672nm$，代入这些数据计算得出其膜的平均晶粒尺寸约为 4.4nm；而硬质合金基体的(Ti,Al,Zr)N/(Ti,Al,Zr,Cr)N 薄膜根据衍射强峰 TiN（111）计算，$\lambda = 0.154056nm$，$\theta = 17.9895°$，$B = 0.01673nm$，代入这些数据计算得出其膜的平均晶粒尺寸约为 8.7nm。与 TiN（晶粒尺寸 13 ~ 16nm）相比，晶粒明显细化。在沉积梯度薄膜的过程中，过渡层向表层转换时，一层生长过程中断，而另一层又重新形核，一个方向上的晶粒尺寸减小的同时，也带来了其他方向上晶粒尺寸的减小。因此，在所有方向上晶粒尺寸都得到了一定程度的抑制，晶粒细化导致了薄膜显微硬度的提高。

薄膜的显微硬度随偏压的升高而增大，这是由于负偏压的提高增强了离子的轰击效果，薄膜的结构更致密，从而提高了薄膜的硬度。同时，薄膜的成分是从膜/基界面向薄膜表面梯度渐变的分布，即 Ti、Al、Zr 和 N 元素逐渐地增多，而 Cr 元素逐渐地减少，这可以使薄膜表层的硬度逐渐达到最高值。同时，当薄膜的 (Al + Zr + Cr)/(Ti + Al + Zr + Cr) 原子比值趋于 0.45（W18Cr4V 基体）和 0.39（WC-8% Co 基体）时，可以获得更高的显微硬度。

12.1.2 膜/基结合力

在不同偏压下，TiAlZrCr/(Ti,Al,Zr,Cr)N 梯度膜与高速钢和硬质合金基体之间都有非常好的界面结合力，测定结果见表 12-2。与(Ti,Al,Zr,Cr)N 单层膜及(Ti,Al,Zr)N/(Ti,Al,Zr,Cr)N 和 CrN/(Ti,Al,Zr,Cr)N 双层膜相比较，它既具有超高的硬质特性，又提高了膜/基间的结合力（尤其在 - 50V 偏压下制备的薄膜）。在沉积薄膜前，由于对高速钢和硬质合金基体进行了高能离子的轰击，因此有利于清洗基体的表面，并产生金属离子的注入，提高薄膜和基体之间的界面结合力。在薄膜的沉积过程中，持续的离子轰击可以产生较大的压应力，进而改善膜/基间的结合性能。而且，梯度膜/硬质合金基体间的结合力仍稍高于梯度膜/高速钢基体间的结合力。

表 12-2　不同偏压下沉积的 TiAlZrCr/(Ti,Al,Zr,Cr)N 梯度膜与基体间的界面结合力

偏压/V	结合力/N	
	W18Cr4V 基体	WC-8% Co 基体
-50	190 ~ 200	>200
-100	190 ~ 200	>200
-150	190 ~ 200	>200
-200	190 ~ 200	>200

由于(Ti,Al,Zr,Cr)N 多组元氮化物膜与高速钢和硬质合金基体存在着一定的晶格错配度，使得薄膜与基体间的结合力有所下降。所以，在薄膜与基体之间沉积了 TiAlZrCr 金属过渡层，同时(Ti,Al,Zr,Cr)N 梯度膜的成分连续变化，即从薄膜表面到膜/基界面，Ti、Al、Zr 和 N 元素含量逐渐减少，而 Cr 元素含量逐渐增加，这都大大提高了薄膜与基体之间的相容性，在一定程度上减小了(Ti,Al,Zr,Cr)N 多元膜与基体因热膨胀系数的差异而产生的热应力，也减小了(Ti,Al,Zr,Cr)N 与基体间由于硬度过大的差异而影响膜/基结合力。

12.2　TiAlZrCr/(Ti,Al,Zr,Cr)N 膜耐磨性

12.2.1　薄膜摩擦系数曲线

图 12-1 和图 12-2 所示为不同偏压下在高速钢和硬质合金基体上沉积 TiAlZrCr/(Ti,Al,Zr,Cr)N 梯度膜的常温（15℃）摩擦

系数随磨损时间的变化曲线。薄膜的平均常温摩擦系数约在 0.25~0.3 之间，并且随着沉积偏压的增加，其摩擦系数有所减小且波动减少，而且与高速钢基体上的薄膜相比，硬质合金基体上薄膜的摩擦系数略低。TiAlZrCr/(Ti,Al,Zr,Cr)N 梯度膜更为优良的显微硬度和膜/基结合力大大提高了薄膜的耐磨损性能。不同偏压下在高速钢和硬质合金基体上沉积 TiAlZrCr/(Ti,Al,Zr,Cr)N 梯度膜的高温（500℃）摩擦系数随磨损时间的变化曲线，如图 12-3 和图 12-4 所示。薄膜的平均高温摩擦系数约在 0.3~0.35 之间。与常温摩擦系数相比较，其摩擦系数值略微增加，而且曲线的波动也较大。

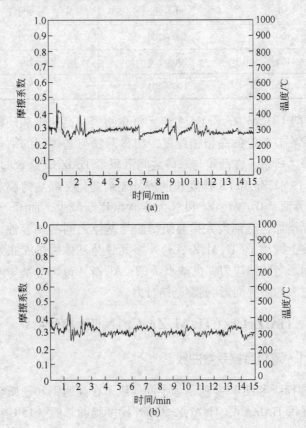

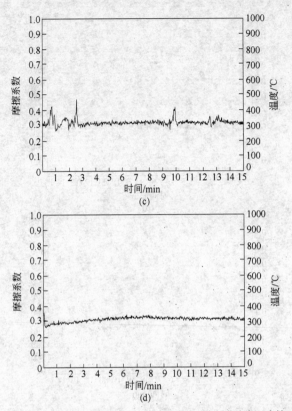

图 12-1　W18Cr4V 基体上 TiAlZrCr/(Ti,Al,Zr,Cr)N 梯度膜的常温摩擦系数曲线
(a) -50V；(b) -100V；(c) -150V；(d) -200V

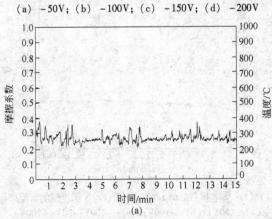

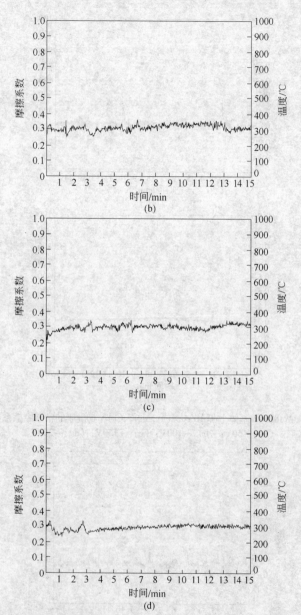

图 12-2　WC-8%Co 基体上 TiAlZrCr/(Ti,Al,Zr,Cr)N 梯度膜的常温摩擦系数曲线
(a) −50V；(b) −100V；(c) −150V；(d) −200V

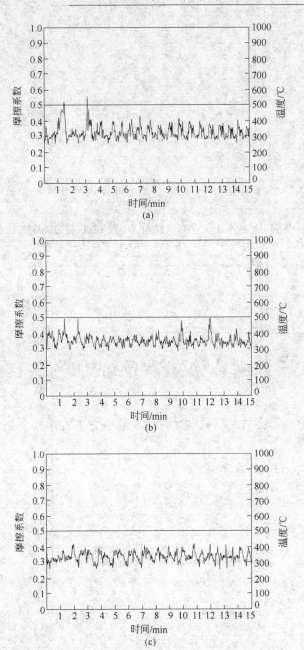

(a)

(b)

(c)

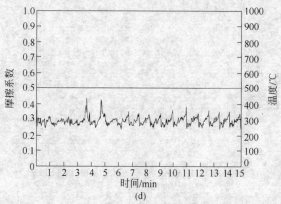

图 12-3　W18Cr4V 基体上 TiAlZrCr/(Ti,Al,Zr,Cr)N 梯度膜的高温摩擦系数曲线

(a) −50V；(b) −100V；(c) −150V；(d) −200V

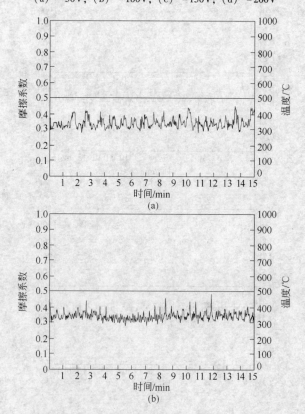

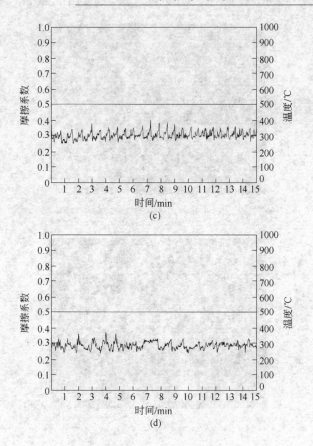

图 12-4 WC-8%Co 基体上 TiAlZrCr/(Ti,Al,Zr,Cr)N
梯度膜的高温摩擦系数曲线
(a) -50V；(b) -100V；(c) -150V；(d) -200V

与(Ti,Al,Zr,Cr)N、(Ti,Al,Zr)N/(Ti,Al,Zr,Cr)N 和 CrN/
(Ti,Al,Zr,Cr)N 膜的常温和高温摩擦系数相比较，TiAlZrCr/
(Ti,Al,Zr,Cr)梯度膜的摩擦系数明显减小，而且波动也明显
减少。

12.2.2 薄膜磨损表面形貌

图 12-5 和图 12-6 所示为不同偏压下在高速钢和硬质合金基

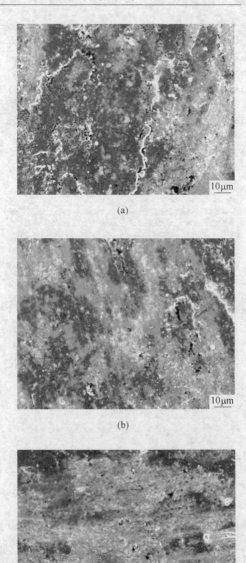

(a)

(b)

(c)

(d)

图 12-5　不同偏压下 W18Cr4V 基体上

TiAlZrCr/(Ti,Al,Zr,Cr)N 梯度膜的常温磨损形貌

（a）－50V；（b）－100V；（c）－150V；（d）－200V

(a)

(b)

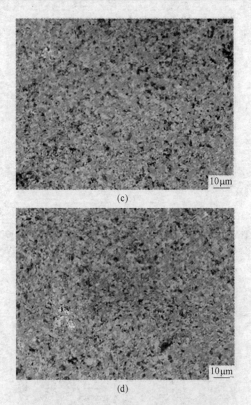

图 12-6　不同偏压下 WC-8% Co 基体上
TiAlZrCr/(Ti,Al,Zr,Cr)N 梯度膜的常温磨损形貌
(a) -50V；(b) -100V；(c) -150V；(d) -200V

体上沉积 TiAlZrCr/(Ti,Al,Zr,Cr)N 梯度膜的常温磨损表面形
貌。从图 12-5 和图 12-6 中可以看出，随着沉积偏压的增加，其
薄膜的破损程度有所减弱。在 -50V 和 -100V 沉积偏压下高速
钢基体上的薄膜及在 -50V 沉积偏压下硬质合金基体上的薄膜，
都存在着少许的沿摩擦方向的摩擦沟槽、裂纹和剥落坑，而在
其他偏压下的薄膜磨痕都很致密，未产生裂纹，它们的磨损机
理仍是以黏着磨损为主，伴有脆性剥落的磨粒磨损。

　　不同偏压下在高速钢和硬质合金基体上沉积 TiAlZrCr/
(Ti,Al,Zr,Cr)N 梯度膜的高温磨损表面形貌，如图 12-7 和图 12-8

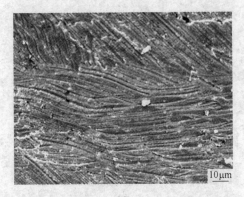

(a)

(b)

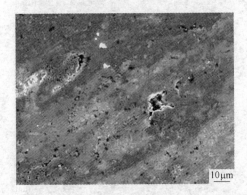

(c)

(d)

图 12-7　不同偏压下 W18Cr4V 基体上
TiAlZrCr/(Ti,Al,Zr,Cr)N 膜的高温磨损形貌
(a) -50V；(b) -100V；(c) -150V；(d) -200V

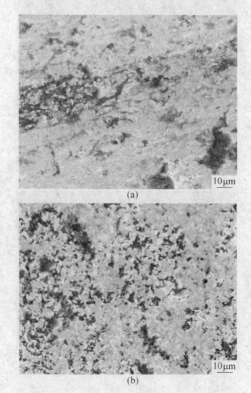

(a)

(b)

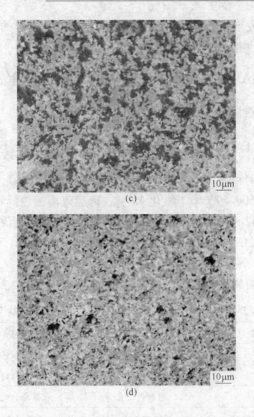

图 12-8　不同偏压下 WC-8%Co 基体上
TiAlZrCr/(Ti,Al,Zr,Cr)N 梯度膜的高温磨损形貌
(a) -50V; (b) -100V; (c) -150V; (d) -200V

所示。除了 -200V 沉积偏压下的薄膜之外，其他沉积偏压下两
种基体上的薄膜都存在着一些摩擦沟槽、裂纹和剥落坑。与其
常温的磨损形貌相比较，高温磨损的破损面积略微增加，黏着
磨损和磨粒磨损变得稍微严重。

　　图 12-5 ~ 图 12-8 说明，与(Ti, Al, Zr, Cr)N 单层膜及
(Ti,Al,Zr)/(Ti,Al,Zr,Cr)N 和 CrN/(Ti,Al,Zr,Cr)N 双层膜的
常温和高温磨损形貌相比较，TiAlZrCr/(Ti,Al,Zr,Cr)N 梯度膜
的磨损形貌明显改善。TiAlZrCr/(Ti,Al,Zr,Cr)N 梯度膜更为优

良的显微硬度大大提高了薄膜的耐磨损性能，更强的膜/基界面结合性能也延缓了薄膜剥落现象的发生。

12.3 TiAlZrCr/(Ti, Al, Zr, Cr) N 膜的高温氧化行为

12.3.1 薄膜短时高温氧化

12.3.1.1 氧化行为基本特征

高速钢和硬质合金基体上的 TiAlZrCr/(Ti, Al, Zr, Cr) N 梯度膜分别在 600～900℃ 下氧化 4h 后，薄膜表面的色泽状态发生的变化见表 12-3。结果表明，高速钢和硬质合金表面沉积 TiAlZrCr/(Ti, Al, Zr, Cr) N 梯度膜后的色泽变化与 CrN/(Ti, Al, Zr, Cr) N 双层膜相似。它反映了沉积 TiAlZrCr/(Ti, Al, Zr, Cr) N 梯度膜后，试样的表面氧化速率得到了显著的降低。

表 12-3 TiAlZrCr/(Ti, Al, Zr, Cr) N 梯度膜的表面状态变化

氧化温度/℃	W18Cr4V 基体上薄膜	WC-8% Co 基体上薄膜
600	金黄色并局部偏红，光亮	蓝紫色，光亮
700	蓝紫色，光亮	蓝紫色，光亮
800	蓝紫色，光亮	蓝紫色，光亮程度下降
900	紫绿色，无光泽	灰绿色，无光泽

高速钢和硬质合金基体及其(Ti, Al, Zr, Cr) N、(Ti, Al, Zr) N/(Ti, Al, Zr, Cr) N、CrN/(Ti, Al, Zr, Cr) N 和 TiAlZrCr/(Ti, Al, Zr, Cr) N 薄膜在 600～900℃ 下氧化 4h 的增重曲线，如图 12-9 和图 12-10 所示。结果表明，高速钢和硬质合金表面沉积 TiAlZrCr/(Ti, Al, Zr, Cr) N 梯度膜后，其抗高温氧化性能得到了更明显的改善。而且，高速钢薄膜试样明显低于硬质合金薄膜试样的氧化增重。

对于高速钢上的 TiAlZrCr/(Ti, Al, Zr, Cr) N 梯度膜试样，当温度为 600～800℃ 时，仍无可见的氧化增重；当温度高达 900℃ 时，其氧化增重大幅度上升，薄膜已经开始失效，但此时的增

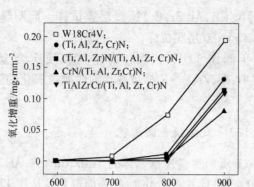

图 12-9 W18Cr4V 基体及其 Ti-Al-Zr-Cr-N 系薄膜
在 600~900℃下氧化 4h 的增重曲线

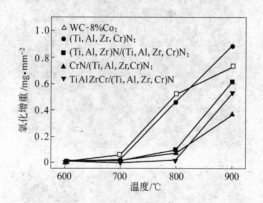

图 12-10 WC-8%Co 基体及其 Ti-Al-Zr-Cr-N 系
薄膜在 600~900℃下氧化 4h 的增重曲线

重略低于(Ti,Al,Zr)N/(Ti,Al,Zr,Cr)N 双层膜试样,而明显高于 CrN/(Ti,Al,Zr,Cr)N 双层膜试样。

对于硬质合金上的 TiAlZrCr/(Ti,Al,Zr,Cr)N 梯度膜试样,当温度为 600~800℃时,其氧化增重可忽略不计;当温度高达 900℃时,其氧化增重大幅度增加,其增重明显低于

(Ti, Al, Zr) N/(Ti, Al, Zr, Cr) N 双层膜试样, 而明显高于 CrN/
(Ti, Al, Zr) N 双层膜试样。

图 12-9 和图 12-10 说明, 高速钢和硬质合金表面沉积
TiAlZrCr/(Ti, Al, Zr, Cr) N 梯度膜后, 短时抗氧化的温度均可提
高到 800℃。

12.3.1.2 氧化膜表面形貌

图 12-11 所示为高速钢基体的 TiAlZrCr/(Ti, Al, Zr, Cr) 梯
度膜在 700~900℃下氧化 4h 后的表面形貌。从图 12-11 中可以
看出, 在 700~800℃时, 薄膜的表面形貌变化仍不大, 但液滴

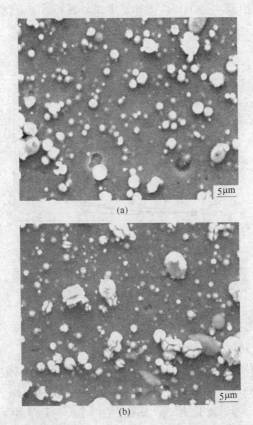

(a)

(b)

图 12-11 W18Cr4V 基体上 TiAlZrCr/(Ti,Al,Zr,Cr)N 梯度膜
在 700～900℃下氧化 4h 的表面形貌
(a) 700℃；(b) 800℃；(c)，(d) 900℃

有明显的氧化趋势；在 900℃时，薄膜的表面形貌变化很大，薄膜已经完全氧化，氧化膜大部分呈团簇状形貌，局部呈短针状形貌，见图 12-11(c)，并有由应力引起的鼓泡和裂纹现象，见图 12-11(d)。EDS 分析结果表明，除了 Ti、Al、Zr、Cr、N 和 O 元素之外，氧化膜内也含有 Fe 和 C 的基体元素，氧化现象严重。

图 12-12 所示为硬质合金基体的 TiAlZrCr/(Ti,Al,Zr,Cr)N

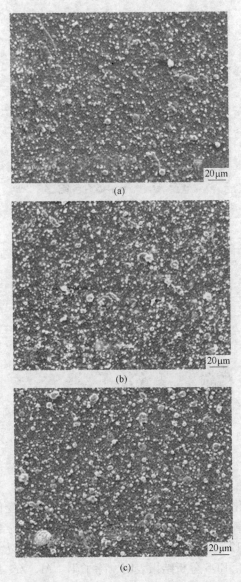

图 12-12   WC-8% Co 基体上 TiAlZrCr/(Ti,Al,Zr,Cr)N 梯度膜

在 600~800℃下氧化 4h 的表面形貌

(a) 600℃；(b) 700℃；(c) 800℃

梯度膜在 600~800℃下氧化 4h 后的表面形貌。从图 12-12 中观察出，薄膜的表面形貌均没有明显的变化，其抗高温氧化性能大大提高。

12.3.1.3 氧化膜相结构

高速钢基体的 TiAlZrCr/(Ti,Al,Zr,Cr)N 梯度膜在 700~900℃下氧化 4h 后的 XRD 图谱，如图 12-13 所示。薄膜经 700℃氧化后，表面出现了 TiO$_2$ 氧化物峰，氧化膜已经有了一定的厚度；在 800℃氧化后，TiO$_2$ 氧化物的衍射峰强度稍微加强，而高速钢基体和 TiN 的衍射峰强度变化不大；当温度足够高达到 900℃时，试样表面大部分已被氧化成 TiO$_2$ 及基体的氧化物 Fe$_2$O$_3$，此时的氧化膜已经部分失效。所以，在短时氧化条件下，TiAlZrCr/(Ti,Al,Zr,Cr)N 膜的抗高温氧化温度为 800℃。

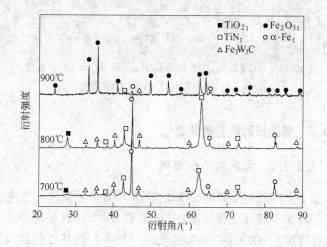

图 12-13 W18Cr4V 基体上 TiAlZrCr/(Ti,Al,Zr,Cr)N 梯度膜
在 700~900℃氧化 4h 的 XRD 图谱

硬质合金基体的 TiAlZrCr/(Ti,Al,Zr,Cr)N 梯度膜在 600~800℃下氧化 4h 后的 XRD 图谱，如图 12-14 所示。从图中可以看出，TiAlZrCr/(Ti,Al,Zr,Cr)N 膜的抗氧化温度进一步提高到

了 800℃。薄膜经 600~700℃ 氧化后，试样表面仍是硬质合金基体和 TiN 的衍射峰，表面没有被氧化；当温度达到 800℃ 时，试样表面少部分已开始被氧化成 TiO₂ 及基体的氧化物 WO₃ 和 Co₃O₄，并且其衍射峰向大角度偏移。

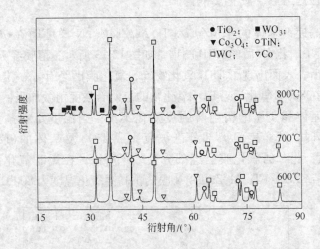

图 12-14   WC-8% Co 基体上 TiAlZrCr/(Ti,Al,Zr,Cr)N 梯度膜
在 600~800℃ 氧化 4h 的 XRD 图谱

12.3.2   薄膜长时高温循环氧化

12.3.2.1   氧化动力学曲线

鉴于上述对梯度膜短期氧化的研究结果分析，于是进一步研究了高速钢基体的梯度膜在 700℃ 和 800℃，以及硬质合金基体的梯度膜在 600℃ 和 700℃ 的长时 (100h) 循环氧化的动力学曲线，如图 12-15 和图 12-16 所示。

对于高速钢基体的 TiAlZrCr/(Ti,Al,Zr,Cr)N 梯度膜试样，在 700℃ 下氧化约 10h 后，其动力学曲线就趋于平缓而进入了稳态氧化阶段，氧化增重比（Ti，Al，Zr）N、（Ti，Al，Zr）N/(Ti,Al,Zr,Cr)N 和 CrN/(Ti,Al,Zr,Cr)N 薄膜明显减少；而在

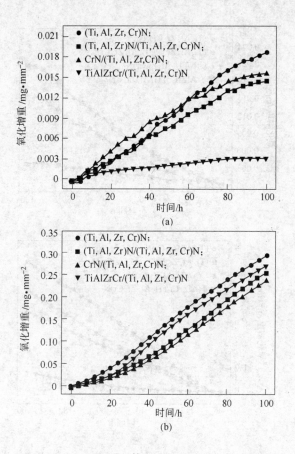

图 12-15　W18Cr4V 基体上 Ti-Al-Zr-Cr-N 系梯度膜
在 700℃和 800℃的氧化动力学曲线
(a) 700℃；(b) 800℃

800℃氧化时，其氧化增重相对比较平均，仅低于(Ti, Al, Zr) N 单层膜的增重，而高于(Ti, Al, Zr) N/(Ti, Al, Zr, Cr) N 和 CrN/(Ti, Al, Zr, Cr) N 双层膜的增重，薄膜完全失效。

对于硬质合金基体的 TiAlZrCr/(Ti, Al, Zr, Cr) N 梯度膜试样，在 600℃氧化时，其动力学曲线一直很平缓，处于稳态氧化阶段；而在 700℃ 氧化时，其氧化增重比 (Ti, Al, Zr) N、

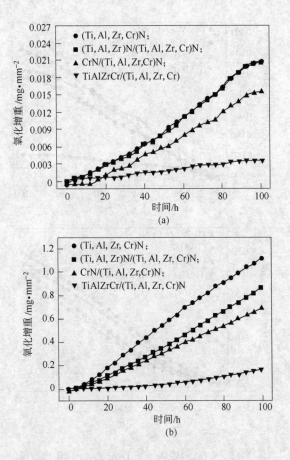

图 12-16　WC-8% Co 基体上 Ti-Al-Zr-Cr-N 系梯度膜
在 600℃和 700℃的氧化动力学曲线
(a) 600℃；(b) 700℃

(Ti, Al, Zr)N/(Ti, Al, Zr, Cr)N 和 CrN/(Ti, Al, Zr, Cr)薄膜试样
的增重大大减少，抗高温循环氧化性能得到极大改善。

12.3.2.2　氧化膜表面形貌

高速钢上的 TiAlZrCr/(Ti, Al, Zr, Cr)N 梯度膜试样在

700℃下氧化 100h 后，其表面形貌变化较小，但是液滴氧化的趋势比 4h 时更显著，见图 12-17(a)；而在 800℃下氧化 100h 后，其表面形貌变化很大，薄膜已经基本氧化，氧化膜呈短针状形貌，见图 12-17(b)，并产生了许多小的鼓泡，见图 12-17(c)。

硬质合金上的 TiAlZrCr/(Ti,Al,Zr,Cr)N 梯度膜试样在 600℃下氧化 100h 后，其表面的液滴轻微地氧化，氧化现象不明显，见图 12-18(a)；而在 700℃下氧化 100h 后，薄膜表面也呈团簇状形貌分布，见图 12-18(b)，表面的液滴继续氧化，见图 12-18(c)，其抗高温循环氧化性能得到了明显的改善。

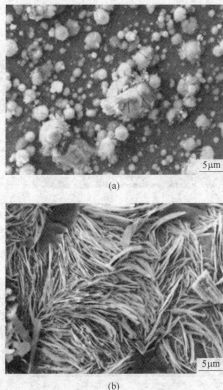

(a)

(b)

(c)

图 12-17　W18Cr4V 基体上 TiAlZrCr/(Ti,Al,Zr,Cr)N 梯度膜
在 700℃ 和 800℃ 氧化 100h 的表面形貌
(a) 700℃；(b)，(c) 800℃

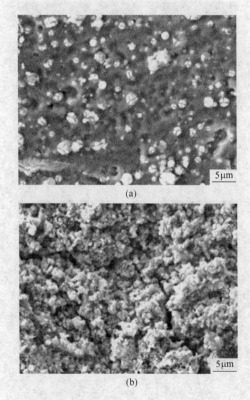

(a)

(b)

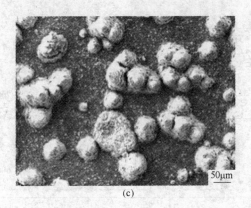

(c)

图 12-18　WC-8% Co 基体上 TiAlZrCr/(Ti,Al,Zr,Cr)N 梯度膜
在 600℃ 和 700℃ 氧化 100h 的表面形貌
(a) 600℃；(b), (c) 700℃

12.3.2.3　氧化膜相结构

高速钢和硬质合金上的 TiAlZrCr/(Ti,Al,Zr,Cr)N 梯度膜试
样氧化 100h 后的 XRD 图谱，如图 12-19 和图 12-20 所示。

对于高速钢上的薄膜试样，在 700℃ 氧化 100h 后，试样表

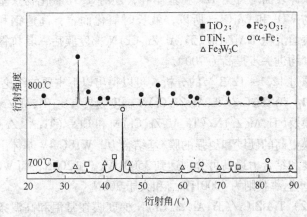

图 12-19　W18Cr4V 基体上 TiAlZrCr/(Ti,Al,Zr,Cr)N 梯度膜
在 700℃ 和 800℃ 氧化 100h 的 XRD 图谱

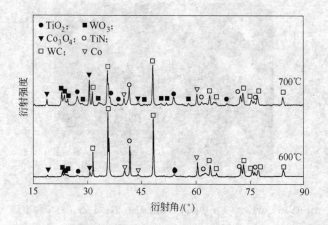

图 12-20   WC-8% Co 基体上 TiAlZrCr/(Ti,Al,Zr,Cr)N 梯度膜
在 600℃ 和 700℃ 氧化 100h 的 XRD 图谱

面刚开始出现 TiO$_2$ 峰，而且 TiN(220) 峰向大角度偏移；而在
800℃ 氧化 100h 后，试样表面只有基体氧化物 Fe$_2$O$_3$ 的衍射峰，
薄膜已经完全失效。

　　对于硬质合金上的薄膜试样，在 600℃ 和 700℃ 氧化 100h
后，试样表面均可见 TiN 和基体峰，还有 TiO$_2$ 氧化物及基体的
氧化物 WO$_3$ 和 Co$_3$O$_4$。所以，就长时氧化而言，高速钢和硬质
合金表面沉积 TiAlZrCr/(Ti,Al,Zr,Cr)N 梯度膜后，其抗循环氧
化温度均进一步提高为 700℃。

　　通过 12.1 ~ 12.3 节的分析，可以得出以下主要的结论：

　　(1) TiAlZrCr/(Ti,Al,Zr,Cr)N 梯度膜具有比(Ti,Al,Zr,Cr)N
单层膜及(Ti,Al,Zr)N/(Ti,Al,Zr,Cr)N 和 CrN/(Ti,Al,Zr,Cr)N
双层膜更高的硬度和更强的膜/基结合力。W18Cr4V 基体上薄膜
的硬度和结合力最高可分别达到 3500HV$_{0.01}$ 和 200N；而 WC-8%
Co 基体上薄膜则为 4000HV$_{0.01}$ 和大于 200N。

　　(2) TiAlZrCr/(Ti,Al,Zr,Cr)N 梯度膜在常温和高温条件下
磨损时的平均摩擦系数分别在 0.25 ~ 0.3 和 0.3 ~ 0.35 之间；薄
膜的摩擦磨损仍为以发生塑性变形为主要特征的黏着磨损，并

伴有磨粒磨损。薄膜的摩擦系数曲线和磨损表面形貌分析表明，TiAlZrCr/(Ti,Al,Zr,Cr)N 梯度膜具有比(Ti,Al,Zr,Cr)N 单层膜及(Ti,Al,Zr)N/(Ti,Al,Zr,Cr)N 和 CrN/(Ti,Al,Zr,Cr)N 双层膜更优的常温和高温耐磨性能。

（3）在短时（4h）氧化条件下，W18Cr4V 和 WC-8%Co 基体上的 TiAlZrCr/(Ti,Al,Zr,Cr)N 梯度膜在 800℃时均具有良好的抗高温氧化性能；在长时（100h）循环氧化条件下，W18Cr4V 和 WC-8%Co 基体上的 TiAlZrCr/(Ti,Al,Zr,Cr)N 梯度膜的抗高温循环氧化温度均能提高到 700℃。与(Ti,Al,Zr,Cr)N 单层膜及(Ti,Al,Zr)N/(Ti,Al,Zr,Cr)N 和 CrN/(Ti,Al,Zr,Cr)N 双层膜相比，其抗高温氧化性能得到明显的提高。

13 结论与展望

在高速钢和硬质合金刀具表面沉积 TiN 等硬质膜，可提高刀具的硬度和耐磨性，从而提高刀具的切削性能和使用寿命。但随着数控加工机床的逐渐普及，高速切削已成为机械加工的主流，TiN 薄膜刀具难以满足使用性能的要求。而另一方面，薄膜合金化、多层化和梯度化等复合形式可以实现提高硬质薄膜的综合性能和使用寿命。因此，本书旨在通过合金元素的添加和薄膜构成形式的变化来探索 TiN 基复合薄膜综合性能的改善。

本书采用多弧离子镀技术，使用两个 Ti-Al-Zr 合金靶和一个纯 Cr 靶，在 W18Cr4V 高速钢和 WC-8%Co 硬质合金两种基体上成功地沉积了 4 种 Ti-Al-Zr-Cr-N 系复合硬质膜，即 (Ti,Al,Zr,Cr)N 多元膜、(Ti,Al,Zr)N/(Ti,Al,Zr,Cr)N 和 CrN/(Ti,Al,Zr,Cr)N 多元双层膜以及 TiAlZrCr/(Ti,Al,Zr,Cr)N 多元梯度膜。利用扫描电镜 (SEM)、激光扫描共聚焦光学显微镜、电子能谱仪 (EDS) 和 X 射线衍射 (XRD) 对 4 种复合膜的成分、形貌、粗糙度和微观结构进行了测量和表征；利用显微硬度计和划痕仪测评了 4 种复合膜的硬度和膜/基结合力；利用摩擦磨损试验机研究了 4 种复合膜在常温 (15℃) 和高温 (500℃) 条件下的耐磨损特性，并采用 SEM 观察了磨痕的表面形貌；同时对 4 种复合膜进行了 600℃、700℃、800℃和 900℃短时 (4h) 高温氧化实验及 700℃和 800℃长时 (100h) 高温循环氧化实验，并利用 SEM、EDS 和 XRD 观察和分析了试样表面的氧化膜。

研究结果表明，获得的 4 种 Ti-Al-Zr-Cr-N 系复合硬质膜均具有 B1-NaCl 型的 TiN 面心立方结构；4 种复合膜的成分除 -50V 偏压外，其他偏压下的变化均不明显；复合膜的表面都比较平整、致密，但仍然存在较多的大颗粒（微液滴）和微孔缺陷，同时增大偏压可以减少其表面的液滴污染现象，表面粗糙度有所改善；复合膜与基体之间无明显的缺陷，薄膜具有从基体到表面垂直生长的柱状晶组织；在不同的偏压下，4 种复合膜的厚度大约为 $1 \sim 1.5 \mu m$，而且随着偏压的增大，其厚度有所减小。

高速钢和硬质合金基体上的 $(Ti, Al, Zr, Cr) N$ 多元膜的 $(Al + Zr + Cr)/(Ti + Al + Zr + Cr)$ 原子比值分别为 $0.44 \sim 0.52$ 和 $0.41 \sim 0.43$，当其分别趋于 0.44 和 0.41 时，薄膜的显微硬度分别达到最大值 $3300HV_{0.01}$ 和 $3600HV_{0.01}$，膜/基结合力也分别达到最大值 190N 和 200N。$(Ti, Al, Zr, Cr) N$ 多元膜的摩擦磨损机理均为以塑性变形为主要特征的黏着磨损，并伴有轻微的磨粒磨损。在常温和高温条件下磨损时，平均摩擦系数在 $0.3 \sim 0.5$ 之间。薄膜的摩擦系数曲线和磨损表面形貌分析表明，随着沉积偏压的增加，其耐磨性有所提高，而且硬质合金基体略优于高速钢基体上薄膜的耐磨性。另外，在短时氧化条件下，高速钢和硬质合金基体上的 $(Ti, Al, Zr, Cr) N$ 膜分别在 800℃ 和 700℃ 时具有良好的抗高温氧化性能，在 XRD 谱中观察到了金红石结构的 TiO_2；在长时氧化条件下，高速钢和硬质合金基体上 $(Ti, Al, Zr, Cr) N$ 膜的抗高温循环氧化温度分别为 700℃ 和 600℃。

$(Ti, Al, Zr) N/(Ti, Al, Zr, Cr) N$ 多元双层膜具有比 $(Ti, Al, Zr, Cr) N$ 单层膜更高的硬度和更强的膜/基结合力。当高速钢和硬质合金基体上 $(Ti, Al, Zr) N/(Ti, Al, Zr, Cr) N$ 膜的 $(Al + Zr + Cr)/(Ti + Al + Zr + Cr)$ 原子比值分别达到 0.44 和 0.40 时，薄膜的显微硬度分别达到最大值 $3450HV_{0.01}$ 和 $4000HV_{0.01}$，膜/基结合力也分别达到最大值 190N 和大于 200N。同时，$(Ti, Al, Zr) N/(Ti, Al, Zr, Cr) N$ 双层膜具有比 $(Ti, Al, Zr, Cr) N$ 单层膜更优的耐磨损性能，其在常温和高温下磨损时的平均摩擦系数在 $0.3 \sim 0.35$ 之间。而且，氧化增重、氧化膜的表面形貌及其相结构的分析表明，$(Ti, Al, Zr) N/(Ti, Al, Zr, Cr) N$ 双层膜具有比 $(Ti, Al, Zr, Cr) N$ 单层膜更为良好的抗高温氧化性能。

$CrN/(Ti, Al, Zr, Cr) N$ 多元双层膜具有比 $(Ti, Al, Zr, Cr) N$ 单

层膜更高、但略低于(Ti,Al,Zr)N/(Ti,Al,Zr,Cr)N 双层膜的硬度，同时具有比(Ti,Al,Zr,Cr)N 单层膜和(Ti,Al,Zr)N/(Ti,Al,Zr,Cr)N双层膜都强的膜/基结合力。当高速钢和硬质合金基体上 CrN/(Ti,Al,Zr,Cr)N 膜的(Al+Zr+Cr)/(Ti+Al+Zr+Cr)原子比值分别趋于 0.45 和 0.40 时，薄膜的显微硬度分别达到最大值 $3400HV_{0.01}$ 和 $3900HV_{0.01}$，膜/基结合力也分别达到最大值190N 和大于 200N。同时，CrN/(Ti,Al,Zr,Cr)N 双层膜具有比(Ti,Al,Zr,Cr)N 单层膜更优、但略低于(Ti,Al,Zr)N/(Ti,Al,Zr,Cr)N双层膜的耐磨损性能，其在常温和高温下磨损时的平均摩擦系数分别在 0.3~0.4 和 0.3~0.45 之间。而且，CrN/(Ti,Al,Zr,Cr)N 双层膜具有比(Ti,Al,Zr,Cr)N 单层膜更为良好的抗高温氧化性能。在短时氧化条件下，硬质合金基体上CrN/(Ti,Al,Zr,Cr)N 膜的抗高温氧化温度进一步提高到 800℃。

　　TiAlZrCr/(Ti,Al,Zr,Cr)N 多元梯度膜具有比(Ti,Al,Zr,Cr)N单层膜及(Ti,Al,Zr)N/(Ti,Al,Zr,Cr)N 和 CrN/(Ti,Al,Zr,Cr)N双层膜更高的硬度和更强的膜/基结合力。当高速钢和硬质合金基体上梯度膜的(Al+Zr+Cr)/(Ti+Al+Zr+Cr)原子比值分别达到 0.45 和 0.39 时，薄膜的显微硬度分别达到最大值 $3500HV_{0.01}$ 和 $4000HV_{0.01}$，膜/基结合力也分别达到最大值 200N和大于 200N。同时，TiAlZrCr/(Ti,Al,Zr,Cr)N 梯度膜具有比(Ti,Al,Zr,Cr)N 单层膜及(Ti,Al,Zr)N/(Ti,Al,Zr,Cr)N 和 CrN/(Ti,Al,Zr,Cr)N 双层膜更优的耐磨性，其在常温和高温下磨损时的平均摩擦系数分别在 0.25~0.3 和 0.3~0.35 之间。而且，在短时氧化条件下，高速钢和硬质合金两种基体上的 TiAlZrCr/(Ti,Al,Zr,Cr)N 梯度膜在 800℃时均具有良好的抗高温氧化性能；在长时氧化条件下，高速钢和硬质合金两种基体上TiAlZrCr/(Ti,Al,Zr,Cr)N 梯度膜的抗高温循环氧化温度均为700℃，与(Ti,Al,Zr,Cr)N 单层膜及(Ti,Al,Zr)N/(Ti,Al,Zr,Cr)N和 CrN/(Ti,Al,Zr,Cr)N 双层膜相比，其抗高温氧化性能得到了明显的改善。

综上所述，得出以下主要的结论：

（1）获得的 4 种 Ti-Al-Zr-Cr-N 系复合硬质膜均具有 TiN 型的面心立方结构，同时沉积偏压控制在 −100 ～ −200V 之间可以得到稳定的成分、良好的表面形貌及高硬度、高结合力和优良的耐磨损性能。

（2）对获得的 4 种 Ti-Al-Zr-Cr-N 系复合硬质膜从薄膜的硬度、膜/基结合力、摩擦磨损特性和抗高温氧化性能等方面进行比较，TiAlZrCr/(Ti, Al, Zr, Cr)N 多元梯度膜的性能最优，(Ti, Al, Zr)N/(Ti, Al, Zr, Cr)N 和 CrN/(Ti, Al, Zr, Cr)N 多元双层膜的性能相当，稍高于(Ti, Al, Zr, Cr)N 多元单层膜的性能。

（3）4 种 Ti-Al-Zr-Cr-N 系复合硬质膜的(Al + Zr + Cr)/(Ti + Al + Zr + Cr)原子比值约为 0.44 ～ 0.52（W18Cr4V 基体）和 0.39 ～ 0.43（WC-8% Co 基体），当其比值分别趋于 0.44 和 0.39 时，均可以获得最高的硬度。

（4）4 种 Ti-Al-Zr-Cr-N 系复合硬质膜在具有很高硬度的同时，也实现了膜/基结合力的最大化。W18Cr4V 基体上复合膜的硬度和结合力可分别达到 $3500HV_{0.01}$ 和 200N，而 WC-8% Co 基体上的复合膜则可分别达到 $4000HV_{0.01}$ 和大于 200N。

（5）4 种 Ti-Al-Zr-Cr-N 系复合硬质膜均具有良好的耐磨损性能，而且随着偏压的增加，薄膜的耐磨损性能有所提高，同时 WC-8% Co 基体优于 W18Cr4V 基体上复合膜的耐磨性。4 种复合硬质膜在常温和高温条件下的平均摩擦系数在 0.25 ～ 0.5 之间；它们的摩擦磨损机理均为以塑性变形为主要特征的黏着磨损，并伴有轻微的磨粒磨损。

（6）在短时（4h）氧化条件下，4 种 Ti-Al-Zr-Cr-N 系复合硬质膜在 800℃（W18Cr4V 基体）和 700℃（WC-8% Co 基体）均具有良好的抗高温氧化性，而且 WC-8% Co 基体上的 CrN/(Ti, Al, Zr, Cr)N 双层膜和 TiAlZrCr/(Ti, Al, Zr, Cr)N 梯度膜的抗高温氧化温度能进一步提高到 800℃；在长时（100h）循环氧化条件下，4 种 Ti-Al-Zr-Cr-N 系复合硬质膜在 700℃（W18Cr4V 基

体）和 600℃（WC-8%Co 基体）均具有良好的抗高温氧化性，同时 WC-8%Co 基体上的 TiAlZrCr/（Ti，Al，Zr，Cr）N 梯度膜的抗高温氧化温度能进一步提高到 700℃。

本书研究了 4 种 Ti-Al-Zr-Cr-N 系复合硬质膜的制备、微结构与性能，主要的创新点为：

（1）利用多弧离子镀技术，使用 Ti-Al-Zr 合金靶和 Cr 靶的组合方式，成功地在 W18Cr4V 高速钢和 WC-8%Co 硬质合金两种基体上制备出 Ti-Al-Zr-Cr-N 系四元氮化物复合膜。该复合膜具有优于（Ti，Al）N、（Ti，Cr）N 和（Ti，Zr）N 等二元氮化物膜的综合性能，有望在实际中得到应用，并成为 TiN 和（Ti，Al）N 等硬质薄膜的更新换代产品。

（2）对 Ti-Al-Zr-Cr-N 系四元复合硬质膜构建了（Ti，Al，Zr，Cr）N 单层膜、（Ti，Al，Zr）N/（Ti，Al，Zr，Cr）N 双层膜、CrN/（Ti，Al，Zr，Cr）N 双层膜以及 TiAlZrCr/（Ti，Al，Zr，Cr）N 梯度膜等 4 组薄膜结构设计，实现了把多元薄膜的构成形式作为影响因素而进行的对比研究。结果发现，双层膜和梯度膜具有比单层膜更好的综合性能。

（3）针对添加的合金元素含量，首次系统地考察了（Al + Zr + Cr）/（Ti + Al + Zr + Cr）原子比值（而非某单一的添加元素含量）对 TiN 基多元复合薄膜相组成和显微硬度的影响。研究结果表明，当（Al + Zr + Cr）/（Ti + Al + Zr + Cr）原子比为 0.4 ~ 0.5 时，4 种 Ti-Al-Zr-Cr-N 系复合硬质膜均为 TiN 型的面心立方结构，并且均可以获得高显微硬度。

（4）对高速钢和硬质合金两种基体上制备的 Ti-Al-Zr-Cr-N 系复合硬质膜进行了系统的对比研究。研究结果揭示出，在复合膜的硬度、膜/基结合力、耐磨损性能等方面，硬质合金基体优于高速钢基体；而在抗高温氧化性能方面，高速钢基体优于硬质合金基体。

本书对多弧离子镀技术制备硬质多元单层膜、多元双层膜及多元梯度膜进行了初步的探索，证实了该技术制备出了综合性能优异的复合硬质膜。但是由于薄膜的材料和种类众多，所以合理地选择和设计具有实用意义的复合硬质膜，并研究工艺参数与结构和性能之间的关系等，仍需要进行大量的工作：

（1）目前，复合硬质膜材料的选择和设计多依靠经验，缺乏普遍适用的理论支持。所以，探索薄膜材料的选择和设计指导理论，对于复合薄膜材料的优化选择和优化设计具有十分重要的意义。

（2）多弧离子镀技术制备薄膜时会产生较多的液滴缺陷，所以将脉冲偏压和磁过滤等技术引入多弧离子镀工艺来制备性能优良的复合硬质膜，是当前多弧离子镀膜技术在国内外的一大发展趋势。因此，这需要更加完整透彻地研究并解决多弧离子镀，尤其是脉冲偏压多弧离子镀过程中产生的问题。

（3）基于 Ti-Al-Zr-Cr-N 系复合硬质膜具有良好的综合性能，应进一步研究它们在不同工况条件下的切削性能和使用寿命，以期提高机械加工效率。

（4）进一步建立具体的物理模型和数学模型，开发出相应的计算机软件系统来指导利用组合靶材制备多组元硬质复合膜的工艺过程，以便深入地开展多弧离子镀硬质复合膜的定量分析，掌握其物理过程。

参 考 文 献

[1] 肖兴成，江伟辉，宋力昕，等. 超硬膜的研究进展[J]. 无机材料学报，1999，14(5): 706~710.

[2] Holleck H. Material selection for hard coatings[J]. J. Vac. Sci. Technol., 1986, 4(6): 2661~2669.

[3] 闻立时，黄荣芳. 离子镀硬质膜技术的最新进展和展望[J]. 真空，2000，(1): 1~11.

[4] 张钧，赵彦辉. 多弧离子镀技术与应用[M]. 北京：冶金工业出版社，2007.

[5] 谢致薇，白晓军，蒙继龙，等. (Ti Fe Cr)N 多元膜的氧化行为[J]. 中国有色金属学报，2001，11(6): 1064~1068.

[6] Diserens M, Patscheider J, Levy F. Mechanical properties and oxidation resistance of N and nanocomposite TiN-SiN$_x$ physical-vapor-deposited thin films[J]. Surf. Coat. Technol., 1999, 120~121: 158~165.

[7] Sproul W D. Turning tests of high rate reactively sputter-coated T-15 HSS inserts[J]. Surf. Coat. Technol., 1987, 3(133): 1~4.

[8] 王宝友，崔丽华. 涂层刀具的涂层材料、涂层方法及发展方向[J]. 机械，2002，29(4): 63~65.

[9] 贾秀芹，臧晓明. 45 号钢多弧离子镀硬质合金涂层的耐磨性[J]. 河北理工学院学报，2003，25(1): 45~49.

[10] Lai F D, Wu J K. Structure, hardness and adhesion properties of CrN films deposited on nitrided and nitrocarburized SKD 61 tool steels[J]. Surf. Coat. Technol., 1997, 88(1~3): 183~189.

[11] Budke E, Krempel-Hesse J, Maidhof H, et al. Decorative hard coatings with improved corrosion resistance[J]. Surf. Coat. Technol., 1999, 112: 108~113.

[12] Igarashi Y, Yamaji T, Nishikawa S. A new mechanism of failure in silicon p+/n junction induced by diffusion barrier metals[J]. J. Appl. Phys., 1990, 29: 2337~2342.

[13] 张钧. 多弧离子镀合金涂层成分离析效应的物理机制研究[J]. 真空科学与技术学报，1996，16(3): 174~178.

[14] Zhang J, Li L, Zhang L P, Zhao S L, et al. Composition demixing effect on cathodic arc ion plating[J]. J. Univ. Sci. Technol. Beijing: Eng. Ed., 2006, 13(2): 125~130.

[15] 赵时璐，张震. Ti-Al-Zr 靶材的多弧离子镀沉积过程的模拟研究[J]. 机械设计与制造，2007(5): 137~139.

[16] Sproul W D, Rothstein R. High hate reactively sputtered TiN coating on HSS drill [J]. Thin Solid Films, 1985, 126: 257~263.

[17] Xingzhao Ding, Bui C T, Zeng X T. Abrasive wear resistance of $Ti_{1-x}Al_xN$ hard coatings deposited by a vacuum arc system with lateral rotating cathodes [J]. Surf. Coat. Technol., 2008, 203(5~7): 680~684.

[18] Han Jeon G, Yoon Joo S, Kim Hyung J, et al. High temperature wear resistance of (TiAl)N films synthesized by cathodic arc plasma deposition[J]. Surf. Coat. Technol., 1996, 86~87(part 1): 82~87.

[19] Mitsuo A, Uchida S, Nihira N, et al. Improvement of high-temperature oxidation resistance of titanium nitride and titanium carbide films by aluminum ion implantation [J]. Surf. Coat. Technol., 1998, 103/104: 98~103.

[20] 赵立新, 郑立允, 牛兰芹, 等. TiAlN 镀层硬质合金结构及性能研究[J]. 金属热处理, 2008, 33(7): 16~19.

[21] 马胜利, 徐健, 介万奇, 等. PCVD 制备 $Ti_{1-x}Al_xN$ 硬质薄膜的结构与硬度 [J]. 金属学报, 2004, 40(6): 669~672.

[22] Raveh A, Weiss M, Shneck R. Optical emission spectroscopy as a tool for designing and controlling the deposition of graded (Ti Al)N layers by ECR-assisted reactive RF sputtering[J]. Surf. Coat. Technol., 1999, 111: 263~268.

[23] 汝强. TiN 系涂层多元多层强化研究进展[J]. 工具技术, 2004, 38(4): 3~8.

[24] 徐向荣, 黄拿灿, 卢国辉, 等. 电弧离子镀(Ti, Cr)N 涂层的制备与性能研究 [J]. 金属热处理, 2005, 30(7): 40~42.

[25] 刘燕燕, 张庆瑜, 林国强. 电弧离子镀制备(TiCr)N 薄膜的微观结构及性能 [J]. 真空科学与技术学报, 2002, 22(4): 299~302.

[26] Han Jeon G, Myung Hyun S, Lee Hyuk M, et al. Microstructure and mechanical properties of Ti-Ag-N and Ti-Cr-N superhard nanostructured coatings [J]. Surf. Coat. Technol., 2003, 174~175: 738~743.

[27] Panckow A N, Steffenhagen J, Wegener B, et al. Application of a novel vacuum-arc ion-plating technology for the design of advanced wear resistant coatings [J]. Surf. Coat. Technol., 2001, 138(1): 71~76.

[28] Yamamoto K, Sato T, Takahara K, et al. Properties of (Ti, Cr, Al)N coatings with high Al content deposited by new plasma enhanced arc-cathode [J]. Surf. Coat. Technol., 2003, 174~175: 620~626.

[29] Ichijo K, Hasegawa H, Suzuki T, et al. Microstructures of (Ti, Cr, Al, Si)N films synthesized by cathodic arc method[J]. Surf. Coat. Technol., 2007, 201(9~11): 5477~5480.

[30] Hasegawa H, Yamamoto T, Suzuki T, et al. The effects of deposition temperature

and post-annealing on the crystal structure and mechanical property of TiCrAlN films with high Al contents[J]. Surf. Coat. Technol. , 2006, 200(9): 2864 ~2869.

[31] Carvalho S, Rebouta L, Cavaleiro A, et al. Microstructure and mechanical properties of nanocomposite(Ti, Si, Al) N coatings[J]. Thin Solid Films, 2001, 398 ~ 399: 391 ~396.

[32] Luo Q, Rainforth W M, Münz W-D. Wear mechanisms of monolithic and multi-component nitride coatings grown by combined arc etching and unbalanced magnetron sputtering[J]. Surf. Coat. Technol. , 2001, 146 ~147: 430 ~435.

[33] Donohue L A, Smith I J, Münz W-D, et al. Microstructure and oxidation-resistance of $Ti_{1-x-y-z}Al_xCr_yY_zN$ layers grown by combined steered-arc/ unbalanced-magnetron-sputter deposition[J]. Surf. Coat. Technol. 1997, 94 ~95: 226 ~231.

[34] Yang S, Li X, Teer D G. Properties and performance of CrTiAlN multilayer hard coatings deposited using magnetron sputter ion plating [J]. Surf. Coat. Technol. , 2002, 18: 391 ~396.

[35] 张利鹏. (Ti, Al, Zr) N 膜最佳成分及最佳工艺的研究[D]. 沈阳大学, 2007: 43 ~46.

[36] Baibich M N, Broto J N, Fert A, et al. Giant magnetoresistance of (001) Fe/(001) Cr magnetic superlattices[J]. Phys. Rev. Lett. , 1988, 61(21): 2472 ~2474.

[37] Jin Jung Jeong, Sun Keun Hwang, Chongmu Lee. Hardness and adhesion properties of HfN/Si_3N_4 and NbN/Si_3N_4 multilayer coatings [J]. Mater. Chem. Phys. , 2002, 77: 27 ~33.

[38] Okumiya M, Griepentrog M. Mechanical properties and tribological behavior of TiN-CrAlN and CrN-CrAlN multilayer coatings [J]. Surf. Coat. Technol. , 1999, 112: 123 ~128.

[39] Bull S J, Jones A M. Multilayer coatings for improved performance[J]. Surf. Coat. Technol. , 1996, 78: 173 ~184.

[40] 赵时璐, 李友, 张钧, 王闯, 刘常升. 刀具氮化物涂层的研究进展[J]. 金属热处理, 2008, 33(9): 99 ~104.

[41] Donohue L A, Münz W-D, Lewis D B, et al. Large-scale fabrication of hard superlattice thin films by combined steered arc evaporation and unbalanced magnetron sputtering[J]. Surf. Coat. Technol. , 1997, 93(1): 69 ~87.

[42] Knotek O, Loeffler F, Kraemer G. Process and advantages of multicomponent and multiplayer PVD coatings[J]. Surf. Coat. Technol. , 1993, 59(1 ~3): 14 ~20.

[43] Minevich A A. Wear of cemented carbide cutting inserts with multiplayer Ti-based PVD coatings[J]. Surf. Coat. Technol. , 1992, 53 (2): 161 ~170.

[44] Dark M J, Leyland A, Mattews A. Corrosion performance of layered coatings pro-

duced by physical vapour deposition[J]. Surf. Coat. Technol. , 1990, 43 ~ 44（1 ~ 3）：481 ~492.

[45] Rie K T, Gebauer A, Woehler J, et al. Synthesis of TiN/Ti-C-N/TiC layer systems on steel and cerment substrates by PACAD[J]. Surf. Coat. Technol. , 1995, 74 ~75 （1）：375 ~381.

[46] Holleck H, Lahres M, Woll P. Multilayer coatings-influence of fabrication parameters on constitution and properties[J]. Surf. Coat. Technol. , 1990, 41(2)：179 ~ 190.

[47] Helmersson U, Toderova S, Marbert L, et al. Growth of single-crystal TiN/VN strained-layer supperlattices with extremely high mechanical hardness. Journal of Applied Physics, 1987, 62(2)：481 ~484.

[48] Madan A, Yashar P, Shinn M, et al. X-ray diffraction study of epitaxial TiN/NbN supperlattices[J]. Thin Solid Films, 1997, 302(1 ~2)：147 ~154.

[49] Prengel H G, Santhanam A T, Penich R M, et al. Advanced PVD-TiAlN coatings on carbide and cermet cutting tools [J]. Surf. Coat. Technol. , 1997, 94 ~ 95：597 ~602.

[50] 赵时璐, 张钧, 刘常升. 涂层刀具的切削性能及其应用动态[J]. 材料导报, 2008, 22(11)：62 ~65.

[51] 黄榜彪, 高原. 现代表面处理技术在高速钢刀具上的应用[J]. 材料导报, 2007, (3)：19 ~21.

[52] 刘建华. ZrN 涂层刀具的设计开发及其切削性能研究[D]. 山东大学, 2007：83 ~97.

[53] Bernus F V, Freller H, Günther K G. Vapour-deposited films and industrial applications[J]. Thin Solid Films, 1978, 50：39 ~48.

[54] 赵海波. 国内外切削刀具涂层技术发展综述[J]. 工具技术, 2002, 36(2)：3 ~7.

[55] 董小虹, 黄拿灿, 黎炳雄, 等. 关于电弧离子镀 Ti-N 系涂层的若干技术问题[J]. 金属热处理, 2005, 30(10)：70 ~72.

[56] Lu Y H, Shen Y G, Zhou Z F, et al. Effects of B content and wear parameters on dry sliding wear behaviors of nanocomposite Ti-B-N thin films[J]. Wear, 2007, 262 （11 ~12）：1372 ~1379.

[57] 李辉, 李润方, 许洪斌, 等. 32Cr2MoV 复合镀 TiN 的滑动摩擦试验分析[J]. 热加工工艺, 2006, 35(16)：42 ~44.

[58] 肖诗纲. 现代刀具材料[M]. 重庆：重庆大学出版社, 1992.

[59] 叶伟昌, 严卫平, 叶毅. 涂层硬质合金刀具的发展与应用[J]. 硬质合金, 1998, 15(1)：54 ~57.

[60] 张少锋, 黄拿灿, 吴乃优, 等. PVD 氮化物涂层刀具切削性能的试验研究[J].

金属热处理, 2006, 31(7): 50~53.

[61] Gunter B, Christoph F, Erhard B, et al. Development of chromium nitride coatings substituting titanium nitride [J]. Surf. Coat. Technol., 1996, 86~87 (Part 1): 184~191.

[62] Johnson P C, Randhawa H. Zirconium nitride films prepared by cathodic arc plasma deposition process[J]. Surf. Coat. Technol., 1987, 33: 53~62.

[63] Sue J A, Chang T P. Friction and wear behavior of TiN, ZrN and CrN coatings at elevated temperatures[J]. Surf. Coat. Technol., 1995, 76~77(Part 1): 61~69.

[64] Jie Gu, Gary Bzrber, Simon Tung, et al. Tool life and wear mechanism of uncoated and coated milling insertes[J]. Wear, 1999, 225~229(Part 1): 273~284.

[65] Paldey S, Deevi S C. Single layer and multilayer wear resistant coatings of (Ti, Al) N: a review[J]. Mater. Sci. and Eng., 2003, A342: 58~79.

[66] Tanaka Y, Gür T M, Kelly M, et al. Properties of $(Ti_{1-x}Al_x)N$ coatings for cutting tools prepared by the cathodic arc ion plating method[J]. J. Vac. Sci. Techol., 1992, A10(4): 1749~1756.

[67] Jindal P C, Santhanam A T, Schleinkofer U, et al. Performance of PVD TiN, TiCN, and TiAlN coated cemented carbide tools in turning[J]. International Journal of Refractory Metals and Hard Materials, 1997, 17: 163~170.

[68] Freller H, Günther K G, Hässler H, et al. Progress in physical vapour deposited wear resisting coatings on tools and components[J]. CIRP Annals-Manufacturing Technology, 1988, 37(1): 165~169.

[69] 全燕鸣, 王成勇, 林金萍. 高速铣削淬硬模具钢的工艺性与经济性研究[J]. 工具技术, 2003, 37(12): 6~9.

[70] Lembke M I, Lewis D B, Münz W-D. Localised oxidation defects in TiAlN/ CrN superlattice structured hard coatings grown by cathodic arc/unbalanced magnetron deposition on various substrate materials [J]. Surf. Coat. Technol., 2000, 125: 263~268.

[71] Lugscheider E, Knotek O, Barimani C, et al. PVD hard coated reamers in lubricant-free cutting[J]. Surf. Coat. Technol., 1999, 112: 146~151.

[72] Harris S G, Doyle E D, Vlasveld A C, et al. A study of the wear mechanisms of $Ti_{1-x}Al_xN$ and $Ti_{1-x-y}Al_xCr_yN$ coated high-speed steel twist drills under dry machining conditions[J]. Wear, 2003, 254: 723~734.

[73] 白力静, 肖继明, 蒋百灵, 等. 磁控溅射 CrTiAlN 涂层钻头的制备及其钻削性能研究[J]. 表面技术, 2005, 34(4): 21~29.

[74] 张绪寿, 余来贵, 陈建敏. 表面工程摩擦学研究进展[J]. 摩擦学学报, 2000, 20 (2): 156~160.

[75] 秦秉常. 国外汽车工业刀具的技术水平[J]. 工具技术, 1991, 25(9): 1~6.

[76] 刘建华, 邓建新, 赵金龙, 等. ZrN/TiN 复合涂层的制备及其磨损性能研究 [J]. 制造技术与机械, 2006(11): 26~28.

[77] 黄元林, 李长青, 马世宁. 多弧离子镀 Ti(C,N)/TiN 多元多层膜研究[J]. 材料保护, 2003, 36(6): 6~8.

[78] Proust M, Judong F, Gilet J M, et al. CVD and PVD copper integration for dual damascene metallization in a 0.18μm process [J]. Microelectronic Engineering, 2005, 55: 269~275.

[79] Bunshah R F, Ranghuram A C. Activated reactive evaporation progress for high rate deposition of compounds[J]. J. Vac. Sci. Technol., 1972, 9: 1385~1388.

[80] Morley J R, Smith H R. High rate ion production for vacuum deposition[J]. J. Vac. Sci. Technol., 1972, 9: 1377~1378.

[81] Mulayama Y, Mashimoto K. Equipment of radio frequency ion plating[J]. Applied Physics, 1974, 42: 687~691.

[82] 汪泓宏, 田民波. 离子束表面强化技术[M]. 北京: 机械工业出版社, 1991.

[83] 陈宝清, 朱英臣, 王斐杰, 等. 磁控溅射离子镀技术和铝镀膜的组织形貌、相组成及新相形成物理冶金过程的研究[J]. 热加工工艺, 1984, 5: 42~49.

[84] 张祥生. 离子镀膜——一种全新的镀膜技术[J]. 真空技术, 1979(1): 54~67.

[85] 王祥春. 国外中空热阴极放电离子镀技术现状[J]. 材料保护, 1982(3): 26~36.

[86] Randhawa H, Johnson P C. Technical note: A review of cathodic arc plasma deposition processes and their applications[J]. Surf. Coat. Technol., 1987, 31(4): 303~318.

[87] Randhawa H. Cathodic arc plasma deposition technology[J]. Thin solid films, 1988, 167(1~2): 175~186.

[88] Sathrum P, Coll B F. Plasma and deposition enhancement by modified arc evaporation source[J]. Surf. Coat. Technol., 1992, 50(2): 103~109.

[89] Vetter J. Vacuum arc coatings for tools: potential and application[J]. Surf. Coat. Technol., 1995, 76~77: 719~724.

[90] 童洪辉. 物理气相沉积硬质涂层技术进展[J]. 金属热处理, 2008, 33(1): 91~93.

[91] 田民波, 刘德令. 薄膜科学与技术手册[M]. 北京: 机械工业出版社, 1991.

[92] 徐滨士, 刘世参. 表面工程[M]. 北京: 机械工业出版社, 2000.

[93] 赵文轸. 金属材料表面新技术[M]. 西安: 西安交通大学出版社, 1992.

[94] Paul A. Lindfors, William M. Mularie. Cathodic arc deposition technology[J]. Surf.

Coat. Technol., 1986, 29(4): 275~290.

[95] 胡传忻, 白韶军, 安跃生, 等. 表面处理手册[M]. 北京: 北京工业大学出版社, 2004.

[96] Lafferty J. 真空电弧理论和应用[M]. 北京: 机械工业出版社, 1985.

[97] 史新伟, 李杏瑞, 邱万起, 等. 磁过滤电弧离子镀 TiN 薄膜的制备及其强化机理研究[J]. 真空科学与技术学报, 2008, 28(5): 486~491.

[98] 张琦, 陶涛, 齐峰, 等. 非平衡磁控溅射氮化钛薄膜及其性能研究[J]. 真空科学与技术学报, 2007, 27(2): 361~365.

[99] 王齐伟, 左秀荣, 黄晓辉, 等. 直流磁控溅射在铝衬底上沉积 $(Ti_xAl_y)N$ 薄膜及其性能研究[J]. 真空科学与技术学报, 2008, 28(4): 351~354.

[100] Shum P W, Li K Y, Zhou Z F, et al. Structural and mechanical properties of titanium-aluminium-nitride films deposited by reactive close-field unbalanced magnetron sputtering[J]. Surf. Coat. Technol., 2004, 185(2~3): 245~253.

[101] Feng H, Guo H W, Barnard J A, et al. Microstructure and stress development in magnetron sputtered TiAlCr(N) films[J]. Surf. Coat. Technol., 2001, 146~147: 391~397.

[102] 谢元华. 多弧离子镀镀膜过程中几个参数的研究[D]. 东北大学, 2004: 16~20.

[103] Uvarov V, Popov I. Metrological characterization of X-ray diffraction methods for determination of crystallite size in nano-scale materials[J]. Materials Characterization, 2006, 58(10): 883~891.

[104] 刘全顺, 张静茹, 王金发. 多弧物理沉积技术制备 (Ti, Al)N 超硬膜[J]. 真空与低温, 1998, 4(2): 108~110.

[105] 曾鹏, 胡社军, 谢光荣. 多弧离子镀 $(Ti, W)_xN$ 合金涂层组织与性能[J]. 材料工程, 2000, (9): 33~41.

[106] 尹瑞洁, 乔学亮, 陈建国, 等. (Ti, Al, V)N 薄膜抗氧化性能的研究[J]. 机械工程材料, 2001, 25(9): 13~14.

[107] 潘国顺, 杨文言, 邵天敏, 等. 多弧离子镀硬质膜的抗空蚀性能研究[J]. 摩擦学学报, 2001, 21(1): 15~18.

[108] Li Z Y, Zhu W B, Zhang Y, et al. Effects of superimposed pulse bias on TiN coating in cathodic arc deposition[J]. Surf. Coat. Technol., 2000, 131(1~3): 158~161.

[109] Zhang J, Zhang Y, Li L, et al. Approximate design of alloy composition of cathode target[J]. J. Mater. Sci. Technol., 2006, 22(5): 639~642.

[110] 李明升, 王福会, 王铁钢, 等. 电弧离子镀 (Ti, Al)N 复合薄膜的结构和性能研究[J]. 金属学报, 2003, 39(1): 55~60.

[111] Boxman R L, Zhitomirsky V N, Grimberg I, et al. Structure and hardness of vacuum arc deposited multi-component nitride coatings of Ti, Zr and Nb[J]. Surf. Coat. Technol., 2000, 125(1~3): 257~262.

[112] Donohue L A, Cawley J, Brooks J S, et al. Deposition and characterization of TiAlZrN films produced by a combined steered arc and unbalanced magnetron sputtering technique[J]. Surf. Coat. Technol., 1995, 74~75(part 1): 123~134.

[113] Lewis D B, Donohue L A, Lembke M, et al. The influence of the yttrium content on the structure and properties of $Ti_{1-x-y-z}Al_xCr_yY_zN$ PVD hard coatings[J]. Surf. Coat. Technol., 1999, 114(2~3): 187~199.

[114] Donohue L A, Cawley J, Brooks J S. Deposition and characterisation of arc-bond sputter Ti_xZr_yN coatings from pure metallic and segmented targets[J]. Surf. Coat. Technol., 1995, 72(1~2): 128~138.

[115] Korhonen A S, Molarius J M, Penttinen I, et al. Hard transition metal nitride films deposited by triode ion plating[J]. Mater. Sci. and Eng., 1988, A105~106(part 2): 497~501.

[116] Steyer P, Pilloud D, Pierson J F, et al. Oxidation resistance improvement of arc-evaporated TiN hard coatings by silicon addition[J]. Surf. Coat. Technol., 2006, 201(7): 4158~4162.

[117] Joshua Pelleg, Zevin L Z, Lungo S, et al. Reactive-sputter-deposited TiN films on glass substrates[J]. Thin Solid Films, 1991, 197(1~2): 117~128.

[118] Quaeyhaegens C, Knuyt G, Haen J D, et al. Experimental study of the growth evolution from random towards a(111) preferential orientation of PVD TiN coatings[J]. Thin Solid Films, 1995, 258(1~2): 170~173.

[119] 谢致薇, 王国庆, 杨元政, 等. TiAlCrFeSiBN 多元膜的性能与组织结构研究 [J]. 稀有金属材料与工程, 2005, 34(4): 648~652.

[120] Jonson B, Hogmark S. Hardness measurements of thin films[J]. Thin Solid Films, 1984, 114(3): 257~269.

[121] 徐建华, 王昕, 马胜利, 等. TiN 纳米薄膜的高硬度及其产生机制[J]. 材料研究学报, 2008, 22(2): 201~204.

[122] Mattox D M. Particle bombardment effects on thin-film deposition: A review[J]. J. Vac. Sci. Technol., 1989, A7(3): 1105~1114.

[123] 赵时璐, 张钧, 刘常升. 硬质合金表面多弧离子镀(Ti, Al, Zr, Cr)N 多元氮化物膜[J]. 金属热处理, 2009, 33(9): 99~104.

[124] Charles F, Fred O, Jean B. Distinguishing thin films and substrate contributions in microindentation hardness measurements[J]. J. Vac. Sci. Technol., 1990, A8(1): 117~121.

[125] Suzuki T, Huang D, Ikuhara Y. Microstructures and grain boundaries of (Ti,Al)N films[J]. Surf. Coat. Technol. , 1998, 107(1): 41~47.

[126] Tsutomu Ikeda, Hiroshi Satoh. Phase formation and characterization of hard coatings in the Ti-Al-N system prepared by the cathodic arc ion plating method[J]. Thin Solid Films, 1991, 195(1~2): 99~110.

[127] Fox-Rabinovich G S, Yamomoto K, Veldhuis S C, et al. Tribological adaptability of TiAlCrN PVD coatings under high performance dry machining conditions [J]. Surf. Coat. Technol. , 2005, 200(5~6): 1804~1813.

[128] Rebouta L, Vaz F, Andritschky M, et al. Oxidation resistance of (Ti,Al,Zr,Si)N coatings in air[J]. Surf. Coat. Technol. , 1995, 76~77(part 1): 70~74.

[129] 赵时璐, 张钧, 刘常升. 多弧离子镀(Ti,Al,Zr,Cr)N多元膜的高温氧化行为[J]. 中国腐蚀与防护学报, 2009, 29(4): 296~300.

[130] Wang Y K, Cheng X Y, Wang W M, et al. Microstructure and properties of (Ti,Al)N coating on high speed steel[J]. Surf. Coat. Technol. , 1995, 72(1~2): 71~77.

[131] Weber F R, Fontaine F, Scheib M, et al. Cathodic arc evaporation of (Ti,Al)N coatings and (Ti,Al)N/TiN multiplayer-coatings-correlation between lifetime of coated cutting tools, structural and mechanical film properties[J]. Surf. Coat. Technol. , 2004, 177~178: 227~232.

[132] Rudigier H, Bergmann E, Vogel J. Properties of ion-plated TiN coatings grown at low temperatures[J]. Surf. Coat. Technol. , 1988, 36(1~2): 675~682.

[133] Johnsen O A, Dontje J H, Zenner R L D. Reactive arc vapor ion deposition of TiN, ZrN and HfN[J]. Thin Solid Films, 1987, 153: 75~82.

[134] Leoni M, Scardi P, Rossi S, et al. (Ti,Cr)N and Ti/TiN PVD coatings on 304 stainless steel substrates: Texture and residual stress[J]. Thin Solid Films, 1999, 345: 263~269.

[135] Zhao J P, Chen Z Y, Wang X, et al. The influence of ion energy on the structure of TiN films during filtered arc deposition, Nuclear [J]. Instrument and Method in Physics Research, 1998, B135: 388~391.

[136] Tay B K, Shi X, Yang H S, et al. The effect of deposition conditions on the properties of TiN thin films prepared by filtered cathodic vacuum-arc technique [J]. Surf. Coat. Technol. , 1999, 111: 229~233.

[137] Mori T, Fukuda S, Takemura Y. Improvement of mechanical properties of Ti/TiN multilayer film deposited by sputtering[J]. Surf. Coat. Technol. , 2001, 140(2): 122~127.

[138] Chang Yinyu, Wang Dayung, Hung Chiyung. Structural and mechanical properties

of nanolayered TiAlN/CrN coatings synthesized by a cathodic arc deposition process [J]. Surf. Coat. Technol. , 2005, 200(5~6): 1702~1708.

[139] Yang Shengmin, Chang Yinyu, Lin Dongyih, et al. Mechanical and tribological properties of multilayered TiSiN/CrN coatings synthesized by a cathodic arc deposition process[J]. Surf. Coat. Technol. , 2008, 202(10): 2176~2181.

[140] Chang Yinyu, Yang Shunjan, Wang Dayung. Structural and mechanical properties of AlTiN/CrN coatings synthesized by a cathodic-arc deposition process[J]. Surf. Coat. Technol. , 2006, 201(7): 4209~4214.

[141] Veprek S. Conventional and new approaches towards the design of novel superhard materials[J]. Surf. Coat. Technol. , 1997, 97: 15~22.

[142] Lii D F. The effects of aluminium composition on mechanical properties of reactivity sputtered TiAlN films[J]. J. Mater. Sci. , 1998, 33: 2137~2145.

[143] Lin Kwanglung, Chao Wenhsiuan, Wu Chengdau. The performance and degradation behaviours of the TiAlN/interlayer coatings on drills [J]. Surf. Coat. Technol. , 1997, 89: 279~284.

[144] Wang D Y, Chang C L, Wong K W, et al. Improvement of the interfacial integrity of (Ti, Al)N hard coatings deposited on high speed steel cutting tools[J]. Surf. Coat. Technol. , 1999, 120~121: 388~394.

[145] 黄锡森. 金属真空表面强化的原理与应用[M]. 上海：上海交通大学出版社, 1989.

[146] Zhitomirsky V N, Grimberg I, Rapoport L, et al. Structure and mechanical properties of vacuum arc-deposited NbN coatings [J]. Thin Solid Films, 1998, 326: 134~142.

[147] Santana A E, Karimi A, Derflinger V H, et al. Microstructure and mechanical behavior of TiAlCrN multilayer thin films[J]. Surf. Coat. Technol. , 2004, 177~178 (30): 334~340.

[148] Holleck H, Schier V. Multilayer PVD coatings for wear protection[J]. Surf. Coat. Technol. , 1995, 76~77(part 1): 328~336.

[149] Xi Chu, Scott A. Barnett. Model of superlattice yield stress and hardness enhancements[J]. J. Appl. Phys. , 1995, 77(9): 4403~4410.

[150] Yashar P C, Sproul W D. Nanometer scale multilayered hard coatings[J]. 1999, 55: 179~190.

[151] Zhao Shilu, Zhang Jun, Liu Changsheng. Investigation of TiAlZrCr/(Ti,Al,Zr,Cr)N gradient films deposited by multi-arc ion plating[J]. Vacuum Technology and Surface Engineering. Proceedings of the 9th Vacuum Metallurgy and Surface Engineering Conference, 2009: 83~88.

[152] 谢中维, 郭薇, 贺小明. 离子束辅助沉积(Ti,Al)N 梯度薄膜的结合强度[J]. 真空, 1998(2): 23~27.

[153] Gao Y Z, Lin G Q, Zhang Q Z. TiN-based multi-component hard coatings by multi-arc ion plating[J]. 7th Sino-Korean International Symposium on Thin-film Materials, China Dalian, 2000, 7.

[154] PalDey S, Deevi S C, Alford T L. Cathodic arc deposited thin film coatings based on TiAl intermetallics[J]. Intermetallics, 2004, 12(7~9): 985~991.

[155] PalDey S, Deevi S C. Properties of single layer and gradient (Ti,Al)N coatings[J]. Mater. Sci. and Eng., 2003, A361(1~2): 1~8.

冶金工业出版社部分图书推荐